申先甲 ————

著

# 中国历代科技史

## 春秋战国科技史

「彩图版」

U0202322

上海科学技术文献出版社
Shanghai Scientific and Technological Literature Press

**图书在版编目（CIP）数据**

春秋战国科技史 / 申先甲著 . —上海：上海科学技术文献
出版社 ,2022
　　（插图本中国历代科技史 / 殷玮璋主编）
　　ISBN 978-7-5439-8529-2

　　Ⅰ . ①春… 　Ⅱ . ①申… 　Ⅲ . ①科学技术—技术史—中
国—春秋战国时代—普及读物 　Ⅳ . ① N092-49

中国版本图书馆 CIP 数据核字 (2022) 第 037064 号

策划编辑：张　树
责任编辑：王　珺
封面设计：留白文化

春秋战国科技史
CHUNQIUZHANGUO KEJISHI
申先甲　　著
出版发行：上海科学技术文献出版社
地　　址：上海市长乐路 746 号
邮政编码：200040
经　　销：全国新华书店
印　　刷：商务印书馆上海印刷有限公司
开　　本：650mm×900mm　1/16
印　　张：14.5
字　　数：179 000
版　　次：2022 年 8 月第 1 版　2022 年 8 月第 1 次印刷
书　　号：ISBN 978-7-5439-8529-2
定　　价：88.00 元
http://www.sstlp.com

目录

contents

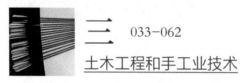

# 三 033-062

## 土木工程和手工业技术

# 四 063-105

## 天文学的巨大发展

## 八 162-191

### 中医理论的初步创立

## 九 192-220

### 物理学的辉煌成就

十 221–224

结 语

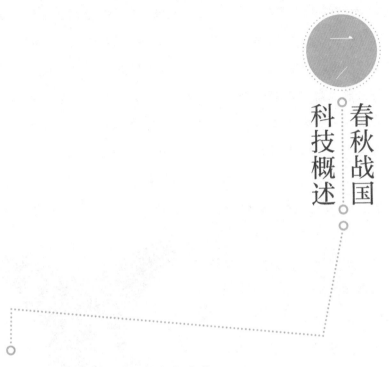

一

## （一）铁器的普遍使用与社会大变革

春秋战国时期（前 770—前 221）是我国历史上由奴隶制向封建制转变的社会大变革时期。

和主要以工商业与贸易为生存命脉的古希腊不同，中国历史上的奴隶制是在大陆上发展起来的。我国黄河中下游的大片平原以及渭河、汾河谷地和长江、淮河中下游的平原地带，几乎连成一片，比尼罗河流域和两河流域的平原要大得多。这里远古时代"草木畅茂，禽兽繁殖"（《孟子·滕文公章句上》），为农业的发展提供了极好的自然条件。在使用石制、骨制、木制工具的原始社会，发展农业主要靠火，用火烧掉树木野草，然后进行耕种。我国传说中的农业始祖神农，被称为"炎帝"，也叫"烈山氏"，都与火有关，反映了这一历史状况。在石器加工和制陶技术的基础上产生出来的青铜冶铸技术，到了商代已发展到独步世界的高度。青铜器具的使用，不仅把我国农业生产技术推到了一个新的高度，使农业生产逐渐取代了采集狩猎活动和畜牧业，到周初已成为社会经济中最主要的部门，而且也为手工业技术的发展和生铁冶铸技术的产生奠定了基础。铜的熔点为1083℃，炼块状铁要求的温度为1000℃左右，生铁的熔点为1146℃。熟练地掌握炼铜技术和进一步改进鼓风技术，获得生铁熔铸的高温是不难达到的。所以不晚于公元前6世纪，我国已出现了生铁冶铸，很快又发明了利用柔化退火制造可锻铸铁和世界上最早的炼钢术与淬火技术。

铁器的应用，特别是铸铁农具的普遍推广，成为这一时期生产力发展的重要标志，引起了全社会整个技术基础的巨大变化。V型铁铧犁和牛耕的使用，加快了农田开发和精耕细作传统的形成，大大增加了农业的产量。凿井技术水平的提高和大规模水利工程的兴建，便于人们向远离河湖的地区移居，并在附近开辟农田进行耕植，使大量荒地得到开垦。私田数量的增加和农业劳动生产率

**铁铧**
铁铧硬而耐磨，是耕犁破土的锋刃。

的提高，促使一家一户为单位的、以个体经营为特征的小农阶层（自耕农和佃农）和以私有土地为资本、通过佃耕制而暴富起来的封建剥削阶层的出现，使封建生产关系得到迅速发展。

"私门富于公室"的现象也诱使诸侯、卿大夫和贵族奴隶主们纷纷

开始采用封建剥削形式。而新出现的封建制度，也更好地适应了当时生产力发展的要求，进一步解放了生产力，使春秋战国特别是战国时期的生产力得到前所未有的巨大发展，也促成了奴隶社会无法比拟的科学技术的大发展。中国历史上的奴隶制没有产生足以和希腊科学文化相媲美的精神文明，但是中国是世界上第一个进入封建社会的国家，不仅在进入封建社会的初期就创造了可以和古希腊媲美的科学文化，并且从此伊始，以自己辉煌的成就和鲜明的特色在世界上领先达 1000 多年之久。

春秋战国时期奖励耕战、重视农桑的政策，不仅促进了农业科学技术水平的提高和水利灌溉工程的兴建，而且也促进了天文历法的发展。春秋时期我国已开始采用十九年七闰的制历方法，至迟在公元前 7 世纪已开始用圭表测日影以定冬至和夏至；战国时期开始出现了二十四节气的思想。在天文观测上，这一时期也有了关于日食、月食、流星、彗星的世界上最早的观测记录；楚人甘德、魏人石申编制了世界上最早的星表。

在农业发展的同时，手工业生产也有了很大的进步，形成了冶铁业、丝织业、车辆制造、玻璃漆器业等许多独立的生产部门，出现了分工越来越细、工艺技术逐步规范化的趋势。春秋末期齐国人撰写的《考工记》，记述了当时官府手工业的 30 项专门部门的制造工艺和技术规范，反映了当时手工业技术发展的高水平。

农业和手工业的发展，促进了商业贸易的繁荣、水陆交通的发达和城市的

**甘德**

甘德是先秦时期著名的天文学家，是世界上最古老星表的编制者和木卫二的最早发现者，还是甘氏占星流派的创始人。

发展。各个诸侯国之间的军事征伐、文化交流和商业活动，扩大了各个地区的联系沟通。这不仅促使了华夏地区各民族的融合与科学技术的交流，而且开阔了人们的地理视野，丰富了人们的地理知识，出现了《禹贡》《管子·地员》和《五藏山经》等对地理资料进行综合论述的著作。

## （二）"士"的出现与学术繁荣

春秋时期，诸侯林立，各诸侯国之间的攻伐兼并十分激烈。各种势力为了自身的利益和在夺权斗争中取得胜利，都需要舆论上的准备和思想上的支持，特别是需要笼络收买社会上的智能之士为他们出谋划策，承担处理大量的军政外交事务。在这种形势下，原来由奴隶主阶级垄断文化教育的"学在官府"的制度受到冲击，社会上私学兴起。特别是从孔丘（前551—前470）开始的私人讲学活动，使原来被统治阶级垄断的文化知识普及到社会上并不当权的平民即"国人"之中，社会上由此产生了一批受过礼、乐、射、御、书、数"六艺"教育的"士"。这一大批来自"国人"的"士"，在中国从奴隶制向封建制的转变中发挥了很大的作用。这个时期，代表各阶级、阶层利益的不同思想学说纷起。许多思想家、哲学

孔丘

孔子是中国古代著名的思想家、教育家，儒家学派创始人，被后世尊为孔圣人，居"世界十大文化名人"之首。孔子去世后，后人把孔子及其弟子的言行语录和思想记录下来，整理编成儒家经典《论语》。

家各持见解，著书立说，奔走游说，互相争辩，出现了"蜂出并作，各引一端，崇其所善，以此驰说，取合诸侯"（《汉书·艺文志》）的现象，形成了思想上解放、学术上自由的"百家争鸣"的生动局面。

儒家、墨家、道家、名家以及荀况（约前313—前238）、韩非（约前280—前233）等为代表的诸子百家，对当时科学技术的发展都有较大的影响。他们为了发展自己的学派，论证自己的观点，实现自己的主张，达到自己的政治目的，都程度不同地关心生产的发展和科学技术的进步，从中汲取某些有利的论据。他们从不同的观点和角度对一些自然现象和技术问题进行解释和概括，频繁交流，彼此辩诘，相互补充，为当时科学技术的发展创造了极为有利的气氛和条件。战国时期的百家争鸣，促进了我国整个学术的繁荣和科学文化的发展；和正值奴隶制鼎盛时期的古希腊一起，在世界的东方和西方，同时形成了两个交相辉映的科学文化高峰，全面奠定了我国后世科学技术发展的基础。

## （三）自然知识的进步

春秋战国时期，在自然知识方面，除前面已述及的天文学、地理学之外，数学、农学、生物学、医学和物理学等均有了相当的发展。

在数学方面，我国商代已使用了十进位法，有了画圆和直角的工具"规"和"矩"。春秋时期已可利用筹算进行完整的加、减、乘、除四则运算，并有了分数的概念。后期墨家提出了几何学中的点、线、面、方、圆乃至极限的概念。

公元前239年，由秦相吕不韦（约前290—前235）的门客集体编撰的《吕氏春秋》，融合了诸子百家的思想和学术成果。其中的《上农》《任地》《辨土》《审时》四篇，专讲"崇本抑末"的重农政策和深耕细作的农业技术，反映了春秋战国时期的农业技术水平。农业和地理学的成就，也促进了生物学知识的积累。这个时期在生物形态学和分类学方面取得了不小的进步。

中国独特的医学体系，也在这一时期初步形成并得到迅速发展。在医药、病因病理和诊断治疗知识积累的基础上，战国后期成书的《黄帝内经》，对我国古代的医疗实践经验作了系统的整理和总结提高，成为我国中医理论开始形成的标志。《内经》运用阴阳对立、五行生克的思想，论述了人体生理、病理、诊断、预防、治则和药性问题，成为2000年来中医辨证论治、临床实践的基础理论之一。

吕不韦
吕不韦是战国末期著名商人、政治家、思想家，主持编纂了《吕氏春秋》。

春秋战国时期，我国的手工业技术包含了丰富的物理学知识。在《考工记》和后期墨家撰写的《墨经》等书中，记载了我国古人在力学、声学、热学、电和磁以及光学方面获得的理性认识。特别在力学、声学和光学的研究上，还出现了实验方法的萌芽。《墨经》中记载的光学实验，包括小孔成像以及平面镜、凹面镜、凸面镜的成像实验，其方法和结论与近代光学实验十分相似，取得了比古希腊欧几里得所著《光学》更早的辉煌成就。

## （四）诸子百家的自然观

自然观作为古代科学思想的一种形态，在春秋战国时期涌现出多种学说，成为2000多年来影响我国科学技术和文化思想发展的传统力量。

### 1. "天命观"的衰落和荀子"明于天人之分"的思想

奴隶制向封建制的转变，必然引起意识形态上的巨大变化。这首先体现在对维护奴隶主统治的"天命观"所提出的公开挑战。

这种状况在当时的诸子学说中普遍反映出来。即使在讲过"天命"的孔子那里，对"天命"问题也是极力回避的。"子不语怪、力、乱、神。"（《论语·述而》）他还说过："天何言哉？四时行焉，百物生焉，天何言哉？"（《论语·阳货》）这已把"天"看作是"自然"了。同样，宣扬"王道"的孟轲（前372—前289）也指出："天之高也，星辰之远也。苟求其故，千岁之日至，可坐而致也。"（《孟子·离娄下》）是说天和星辰虽然高远得很，但其规律也是可以获知的，千年间的冬至也可以被预知。这反映了对"天"的神秘感的消失以及对"天"可以认知的信心。地主阶级上升时期的杰出思想家荀况，更提出了"明于天人之分"的思想，认为"天"是没有意志的"自然"，把原来被看作人间至高无上的主宰一下子降为与人为伍的大自然，并把正确处理人与自然的关系作为"以政裕民"的物质基础。在《荀子·天论》中，这个思想得到了完整的表述。"天"是什么呢？荀子指出："列星随旋，日月递炤，四时代御，阴阳大化，风雨博施，万物各得其和以生，各得其养以成，不见其事而见其功，夫是之谓神。皆知其所以成，莫知其无形，夫是之谓天。"这是说"天"就是自然本身，是没有意志的；自然的功能就是"神"。他还说："天行有常，不为尧存，不为桀亡。"即天有其自身的运动规律，是不为"人事"所改变的。他十分卓越地提出："大天而思之，孰与物畜而制之！从天而颂之，孰与制天命而用之！望时而待之，孰与应时而使之！因物而多之，孰与骋能而化之！思物而物之，孰与理物而勿失之也！愿于物之所以生，孰与有物之所以成！故错人而思天，则失万物之情。"在这里，荀子进一步抒发了"明于天人之分"的意义，指出在"人"与"天"的关系上，"人"是可以有所作为的。只要能掌握和善于利用自然规律，就可以使自然为人服务。"如是，则知所其为，知其所不为矣；则天地官而万物役矣。"如果对"天"只是敬畏、颂扬和等待其恩赐，那就是"错人而思天"了。荀子的这段论述，可以说是当时在处理"人"与"天"的关系上最具积极意义的认识。

### 2. 阴阳－五行说

在百家争鸣的形势下，各家学说都力求从总体上说明和理解自然，在自然的本质或宇宙万物本原的问题上，就出现了各种不同的说法。探讨、认识这一问题，是自然科学的根本任务，但在科学还没有进步到足以解答这个问题的时候，只能先由哲学提出某些猜测和做出一定的解释。春秋战国时期宽松活跃的学术气氛，为这些学说的提出创造了良好的条件。当时的中国哲学家们对自然本质的各种看法，与古希腊自然哲学的内容大体上是类似的。关于宇宙论和时空观的内容，将分别在天文学和物理学部分介绍。

殷周时期已经产生的阴阳和五行学说，仍然是这一时期关于宇宙万物本原的重要学说。五行学说是从西周的"五材"演变而来的。汉初伏胜所著的《尚书大传》记载，武王伐纣至于商郊，士卒欢乐歌舞以待旦，歌曰："水火者，百姓之所饮食也；金木者，百姓之所兴作也；土者，万物之所资生也，是为人用。"把水、火、金、木、土看作是人们赖以生存的五种基本材料的看法，当是有古老渊源的。《国语·郑语》记载，周幽王九年（前773）太史伯回答郑桓公之问时说："故先王以土与金木水火杂，以成百物"。这个回答表明，当时还只是把土与金木水火看作"以成百物"的基本材料，还没有把它们上升为宇宙万物的本原。《左传》中记载的关于柳下惠（展禽，生活于公元前7世纪后半期）的一段话中有："及地之五行，所以生殖也。"这是"五行"二字的最早出现。《国语·周语下》记载公元前 572 年的一段话说："天六地五，数之常也。""天六"指阴、阳、风、雨、晦、明"六气"，"地五"即指五行，并把它们上升为正常的自然规律（"数之常也"），这就具有一定的哲学意义了。到公元前 6 世纪末，五行即被推广到各个方面（"五味""五色""五声"等），并被看作是"礼"所依据的基本原则之一。在可能是战国时人伪作的《尚书·洪范》中则进一步概括说："五行，一曰水，二曰火，三曰木，四曰金，五曰土。水曰润下，火曰炎上，木曰曲直，金曰从革，土爰稼穑。润下作咸，炎上作苦，曲直作酸，从革作辛，稼穑作甘。"这里把五行提升为构成宇宙万物的五种基本元素，并对它们的性质和作用作了规定。

西周末年，还产生了物质为"气"的说法，用对立的阳气和阴气的相互作用来解释天地分离、四季变化、万物盛衰等各种自然现象。天气为阳，性质是上升的；地气为阴，性质是沉滞的。两种气的协调交感作用，生成万物和天地的秩序；二气不和，就会引起自然界的灾异变化。周幽王二年（前 780）西周三川（今陕西中部）皆震，周大夫伯阳父说这是因为"阳失其所而镇阴也"，"阳伏而不能出，阴迫而不能蒸（升）"（《国语·周语上》），于是便发生地震。

到了战国时期，几乎各家都把阴阳看作自然界两种对立的力量。《老子》中说："万物负阴而抱阳，冲气以为和。"即阴阳蕴涵于万事万物之内，在看不见的气中得到统一。这里把阴阳看作是万物的基本属性。《荀子·天论》称"四时代御，阴阳大化"，并用"天地之变，阴阳之化"来解释星坠之类的自然现象。

在孔子及其弟子所编的《易经·系辞传》中提出了"一阴一阳之谓道"，并称："乾，阳物也；坤，阴物也，阴阳合德而刚柔有体"，"刚柔相推，变在其中矣"。这是说一阴一阳，一刚一柔，相互推移，即生变化，在这种对立统一的作用之下，就发生了万物的演化。这可以看作是对先秦阴阳学说的总结与提高。

战国时期，从不同角度反映自然界面貌的阴阳说与五行说开始被结合起来，形成了阴阳五行说。阴阳五行说和元气论的结合，又构成了我国古代元气一元论的自然观。

先秦学者也有将宇宙万物的本原归结于一种具体物质的。《管子·水地》篇称："集于天地，而藏于万物，产于金石，集于诸生。……万物莫不以生。……水者何也？万物之本原也，诸生之宗室也。"这是水一行说。《庄子·在宥》篇假借黄帝时代的广成子之口说："今夫百昌皆生于土，而返于土。"这是土一行说。尽管我国古代的五行说、阴阳说、水一行说、土一行说还比较粗糙，但都在试图把自然界无限多样的物质存在形态统一于几种或一种物质本原，用统一的观点去解释宇宙万物，其中包含着一些合理的见解和天才的猜测。

### 3. 墨家的"原子论"思想

以实验为基础的现代科学原子论，渊源于古代朴素的原子论。中国的墨家也曾提出过类似古希腊原子论的观念。《墨经》第 62 条[①] 提出："端，体之无厚而最前者也"；"端，无间也"。这是说"端"是物体的起始，是把物体分割到"无厚"而留在最后的、最原始的质点；它是没有间隙即无内部结构的。《墨经》第 160 条又说："非半弗斫则不动，说在端。"就是说，"端"是不能再分为两半的东西了，所以是不能毁坏、不能变化的了。这是关于原始的、物质最小单位的概念，实质上是十分朴素的、揭示了物质的不连续性和物质最小单位不可分割的思想，可以看作是我国古代原子论的萌芽思想。古代原子论者，往往统一地看待物

---

① 本书所引《墨经》的条号，均据高亨《墨经校诠》，科学出版社，1958年版。

质与空间，把物质原子与空间几何上的"点"联系起来。所以"端"也被墨家看作是几何原子，这是很自然的。有些学者只看到了《墨经》中所说的"端"的几何学意义，而否认中国古代有原子论思想，这显然是片面的。当然，与古希腊的原子论相比，墨家的论述过于简单粗糙，而且未见对原子运动的说明。关于"端"的几何"点"意义，我们将在数学部分论述。

### 4. 元气说

对自然界物质本原认识的进一步发展，出现了以比较抽象的形态反映这个统一的"元气"学说。在战国时期已有一些学者认为自然界是气的世界。在《管子·内业》中，提出了一种"精气"学说："凡物之精，此则为生；下生五谷，上为列星。流于天地之间，谓之鬼神；藏于胸中，谓之圣人。是故此气，杲（光明之意）乎如登于天，杳（昏暗之意）乎如入于渊，淖乎如在于海，卒乎如在于己（作'山'）。"这是说世界上的一切事物得到了精气就存在。五谷、列星都是精气产生的。精气在天地间的流动就有了鬼神，深藏于胸中就成了圣人。精气光耀像在天上，幽微像在深渊，湿润似海，高峻如山。这里把精气看作构成宇宙万物的最根本的本原，它充塞天地之间，"其细无内，其大无外"，它的流行变化形成了一切事物（包括精神现象在内），而它自身却保持不变。稷下学派的宋钘（约前360—前290）和尹文（约前350—前285）又以精气学说把《老子》中的"道"作了积极的发展，说："凡道无根无茎，无叶无荣。万物以生，万物以成，命之曰道。……精也者，气之精者也。气，道乃生，生乃思，思乃知，知乃止矣。"（《管子·内业》）用这种精气代替"道"，就克服了对"道"的理解上的神秘性和不确定性。

"气"和"阴阳"的结合，构成了我国古代自然观的核心。包括自然界在内的客观世界，都是由阴阳两种对立的气组成的。中国古代提出的"气"的概念，既包含了最基本的对立——阴和阳的意义，又包含了宇宙万物本原的意义。在诸子的学说中，虽然有各种不同的表述方式，如它可以是"道""太一""太虚"，究其实质，都不过是"气"的同义语，因为这些表述都包含了上述两种含义。所以，我们可以把和阴阳学说结合在一起的"气"生成万物的自然观，称为气的一元论自然观；这个自然观，一直深深影响着中国 2000 年来科学认识的发展。

科学技术是属于全人类的。尽管近代自然科学主要是从欧洲发展起来的，但全人类都直接或间接地为科学技术的发展做出了不同的贡献。我国是世界上文明发达最早的国家之一。包括春秋战国时期科学技术成就在内的中国古代科学技术，曾经在世界上长期居于领先的地位，对人类文明和科学技术的发展做出过巨大的贡献，当然也是近代自然科学诞生的一个不可或缺的条件。在这本书中，我们将比较系统地向读者介绍春秋战国时期在金属冶炼、土木工程、手工业技术以及天文学、数学、地理学、生物学、医学和物理学等方面所取得的辉煌成就，并同时揭示科学技术发展和社会诸因素之间的相互作用，从中得出一些历史的启示。

二

冶金技术与
铁器的推广

## （一）青铜冶铸的继续发展

我国的炼铜和铜器铸造技术，诞生于仰韶文化初期。在商、西周时期，青铜冶铸技术已有较大的发展，青铜器的使用达到鼎盛时期。青铜是铜与锡、铅的合金，与纯铜相比，熔点较低[①]，硬度较高[②]。青铜铸件的填充性较好，气孔少，所以铸造性能较好。青铜良好的机械性能和铸造性能，使它在使用上有更广泛的适应性。

战国时代开始，青铜的地位逐渐被铁所代替。但是，无论在青铜的

---

① 纯铜熔点为1083℃，若加15%的锡，熔点降到960℃；若加25%的锡，熔点为800℃。用铅代替锡，同样可以降低熔点。

② 纯铜的布氏硬度为35，若加5%~7%的锡，硬度增高到50~65；若加7%~9%的锡，硬度增高到65~70；若加9%~10%的锡，硬度可达70~100。

冶炼、浇铸、加工工艺，还是在青铜器的用途方面，春秋战国时期仍有明显的发展和提高。

### 1.青铜冶铸的"六齐"规律

春秋时期，人们在青铜冶铸的实践中，直观地认识到青铜的性质因其所含铜、锡（或铅）比例的不同会发生显著的变化，从而总结出了"六齐"规律。"齐"就是剂、剂量；"六齐"就是青铜组成的六种不同

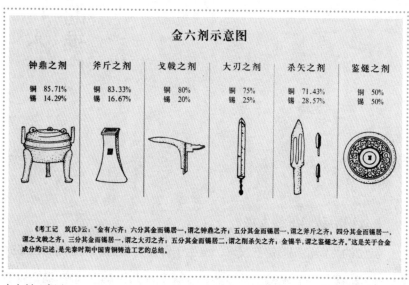

金六剂示意图

配比。《考工记》中记载了世界冶金史上最早的合金配比工艺的总结："金有六齐，六分其金而锡居一，谓之钟鼎之齐；五分其金而锡居一，谓之斧斤之齐；四分其金而锡居一，谓之戈戟之齐；三分其金而锡居一，谓之大刃之齐；五分其金而锡居二，谓之削杀矢之齐；金锡半，谓之鉴燧之齐。""金"指青铜合金或指纯铜。《吕氏春秋·别类》篇解释说："金柔，锡柔，合两柔则为刚，燔之则为淖。"这是说适当掌握合金的成分，就会提高硬度而使青铜的熔点低于纯铜。

青铜中含锡达 17%~20% 则非常坚硬，当时作为工具的斧斤，含锡量在此范围之内。作为兵器的戈戟既要求有很大的强度，又要比斧斤锐利，所以含锡量在 20% 以上。刀剑（大刃）和削（小刀、匕首）、矢等兵器要求有较高的硬度，所以含锡量增加到 25%~29% 以上。作为乐器、礼器的钟鼎，要求声音悦耳，颜色美观，其含锡量控制在 15% 左右，这时合金呈橙黄色，外观很美，声音也很动听。而鉴燧（铜镜）需要磨出光亮的表面和银白色的金属光泽，以增强反射光的能力，还要能铸造出细致的花纹，所以含锡量要达 50% 左右。我国在 2000 多年前，总结出的这一合金配比规律，大体上是符合科学道理的。

戈戟
这是战国玉石三戈戟，现收藏于中国江南水乡文化博物馆。

关于当时冶炼青铜的具体方法，至今还了解得不多。1929 年在安阳殷墟发现的炼铜遗址里，有大小二号的陶器坩埚。有一个重 7 千克，容量约 3 升。坩埚内有残留铜渣，可能是用于熔合铜锡以制造青铜器的。近年在湖北大冶铜绿山发现的古矿冶遗址，找到了战国时期炼铜炉多座，都是由炉基、炉缸和炉身三部分组成的竖炉；炉高据推测大约为 1.2~1.5 米，并利用了鼓风方法。

关于青铜熔炼浇铸温度的掌握，《考工记·凫氏节》中记载了观察熔炼过程中火焰的光色以判断冶炼温度的方法："凡铸金之状，金与锡黑浊之气竭，黄白次之；黄白之气竭，青白次之；青白之气竭，青气次之，然后可铸也。"《韩非子》中也有"视锻锡而察青黄"的说法。在用铜（金）和锡熔炼青铜时要以木炭作燃料，木炭开始燃烧时产生的黑烟形成"黑浊之气"。随着温度升高，氧化物、硫化物和熔点较低的金属（如锡）依次挥发出来，形成黄白焰色；当温度进一步升高时，铜的气体所占比重增大，焰色转向青白；最后，青色（铜焰为绿，锡、铅焰色为蓝）占了绝对优势，达到"炉火纯青"，说明其他杂质大部分都跑掉了，铜锡已充分熔合，可以浇铸了。这种根据光焰来判断炉内冶炼状况，即观察"火候"的方法，是有科学根据的，在今天的某些冶炼工作中仍被采用。

### 2. 青铜用途的推广

**《考工记》**

《考工记》是战国时期记述官营手工业各工种规范和制造工艺的文献，其十分重视生产工具的制造和改进，体现了重视发展生产力的思想。

《考工记》中说的"六齐"，已说明了古代青铜的六大用途，它可以做乐器、酒器和烹调器、农具和手工工具、戈戟兵器、刀剑和箭头、平面镜和球面镜等。

春秋以后，周天子统治权力衰落，封建诸侯势力增强。"臣弑君""子弑父""礼崩乐坏""犯上作乱"等现象层出不穷。这种奴隶制崩溃、封建制建立的政治形势，在青铜器应用上的反映，就是王室之器衰退，诸侯之器兴盛。西周时期青铜器物形制上的那种呆板、厚重、样式单一、规格雷同的特点，逐渐为形态新颖、种类繁多、精巧轻便、标新立异的风格所代替；表现奴隶主高贵尊严的各种礼器不再受到重视，而各种实用性器物越来越得到推广普及。在现代考古发掘中，日常使用的铜制品和装饰品，如铜镜和带钩等，不仅在贵族墓中发现，在庶民墓中也常有出土。这一方面反映了青铜冶铸的发达，另一方面也反映了庶民社会地位的变化。

春秋战国时期，由于各诸侯国之间战争连绵不断，兵器制造业也进一步扩大。虽然铁兵器已经开始应用，但青铜兵器仍占很大比例。由于骑兵和步兵的发展，车战退居次要地位，致使兵器制造中除戈、矛、戟等长武器外，剑这种短兵器日渐增多。剑的重量减轻，外形也更为平直锋利。1965 年在湖北省江陵望山一个楚墓中，出土了两把宝剑，一把上有"越王勾践自作用剑"八个字，当是当年勾践（约前 500）所用之剑。虽然埋藏地下 2000 多年之久，剑身仍花纹清晰，光亮夺目，刃部非常锋利。1976 年在湖北襄阳蔡坡和河南辉县各出土

**战国龙首带钩**
带钩多用青铜铸造，是古代贵族和文人武士所系腰带的挂钩，又称为"犀比"。起源于西周，战国至秦汉时期广为流行。

**越王勾践剑**
越王勾践剑是国家一级文物，现藏于湖北省博物馆。

越王勾践剑上的字

了吴王夫差（与勾践同时人）的青铜剑，也都完好锋利。此前 1964 年在山西原平县（现为原平市）也出土一把吴王光青铜剑，纹饰细致清晰。这一时期的青铜剑已有多起出土。

**战国编钟**
战国编钟是我国古代的一种打击乐器，用青铜铸成，兴起于西周，盛于秦汉。

青铜制品中应用时间最长的当属用青铜制造的乐器、钱币和镜子。河南信阳长关台楚墓出土的一套战国编钟，形体规则，声音清脆悦耳，音调准确。我国的金属货币，大约起始于周朝。到了春秋战国时期，由于农业、手工业的发展，促进了商业的繁荣和贸易的活跃，从而对货币的需要也迫切了，推动了铸币业的发展。用浇铸方法大量制造钱币，青铜比生铁更为适用。因为生铁易锈蚀，且质脆易断。这一时期的青铜钱币有不少形状：一是"布币"，古名"钱镈"，形状像个铲子，主要流行于三晋（韩、赵、魏）地区；二是"刀币"，形似一把小刀，流行地区很广，以齐为主；三是"圆币"，形圆中有圆孔，出现最晚，流行地区很广。此外还有仅流通于楚地的"金版蚁鼻钱"，为黄金制品。

我国铜镜的制造可以追溯到很早的年代。从殷到西周，铜镜都是奴隶主贵族专用的。战国时代的铜镜，质量很好，为历代所珍视。战国的镜又以楚镜最好、最多。楚镜多为黑色，光亮如漆。出土的一枚黑楚镜的化学成分为铜71.4%，锡19.6%，铅2.7%；一枚绿楚镜为铜66.3%，锡22%，铅3.4%。铜镜是用青铜铸造的，正面加工为光亮的平面，用以照人，背面常铸以文字和图案，作为装饰。汉初的《淮南子》上讲了铸好后镜面必须经过加工才能照人。加工方法是先撒上"玄锡"，再用毛毡摩擦（"抛光"），才能照见眉毛须发。"玄锡"可能是二氧化锡，即锡熔化氧化而成的"锡灰"，呈灰黑色，近代仍有用它作抛光剂的。镜面除平面形状的外，当时已出现凹凸面的。用凹面镜或凸面镜所照的相与实物的大小不相等，而且可用改变距离的方法得到正立的或倒立的像，这在《墨经》中已有论述，说明在公元前5世纪以前，我国古人已发明了球面镜。

铜镜

铜镜就是古代用铜做的镜子，其制作精良，形态美观，图纹华丽，是古代青铜艺术文化遗产中的瑰宝。

### 3. 青铜加工工艺的提高

关于青铜器的铸造，西周之前已经广泛使用了陶范，并已熟练地利用了分铸法。

春秋中期到战国时期，单一的陶范铸造已发展到综合使用浑铸、分铸、失蜡①、锡焊、铜焊等方法。这个时期的青铜器，壁薄形巧，纹饰纤细清晰，说明铸造技术和合金的铸造性能得到了提高和改善。1978年湖北随县曾侯乙墓出土的青铜器总重量达 10 吨左右，各个器物的造

曾侯乙墓出土的青铜编钟
周王族诸侯国中姬姓曾国的一套大型礼乐重器，体现了周王朝治国基础的礼乐制度。

型、纹饰、加工工艺，都达到了很高的水平。其中的一套编钟，都是用浑铸法铸成的，并且熟练地采用了分范合铸技术。最大的甬钟使用的范和芯多达七八十块。整套编钟铸造精美，花纹细致，钟体内很少有铸造

① 失蜡法也叫熔模铸造法，即用蜡做成铸件模型，经高温金属熔液浇铸将蜡模熔烧后，去除灰烬，从而得到与蜡模造型相似的整体铸件。

缺陷。建鼓的铜鼓座上的龙群，由 22 个铸件和 14 个接头用铸接和焊接方法联结在一起，焊接方法有铜焊和镴焊（用铅、锡、铜、锌合金焊接）。精美的透空附饰铸件表明是用石蜡技术铸成的。青铜铸件的器壁也普遍变薄，一般在 2 毫米左右。湖北江陵纪南城出土的楚国青铜剑，剑端由多层圆环构成，每层厚度不到 1 毫米，这表明当时铸造工艺水平很高。春秋战国时期，铜的冷加工技术可以制造出薄而有刻制花纹的器物。河北怀来县北辛堡一座春秋末期北方游牧民族首领的墓葬中，出土了一件红铜槌胎薄铜缶，是由上下两部分打制成后套接而成的，壁厚仅有 1 毫米左右，厚薄十分均匀，身上有精细流畅的针刻纹。

在青铜器表面镶嵌入红铜薄片和嵌入金银丝的"金银错"工艺，在春秋后期就产生了。所谓金银错，就是用金银丝或金银片在铸的青铜器上镶嵌成纹饰，再用错石（磨石）把表面磨光打平，从而使色彩、线条对比鲜明，艺术形象更为生动。山西浑源县 1923 年出土的春秋镶嵌狩猎纹豆（形似高足盘的食器），用红铜镶嵌了两组表现狩猎景象的纹饰，图形生动。陕西咸阳 1966 年出土的战国错金银云纹鼎，鼎身用金银片错成几何云纹，盖顶饰莲瓣花纹，工艺十分精巧。此外还有在青铜器表面涂金和刻画花纹的"鎏金"和"刻纹"的新工艺。所谓"鎏金"就是把金泥（金与水银的合金）涂在器物表面，再经过烘烤使水银

春秋镶嵌狩猎画像纹豆

此件文物为春秋晚期的青铜器，高 20.7 厘米，口径 17.5 厘米，底径 11.1 厘米，现收藏于上海博物馆。

蒸发，金就留在器物表面上了。这种技艺的应用，使青铜器更加华丽精美。这种技术至今仍被采用。

## （二）生铁冶铸技术的突出进展

### 1. 陨铁的使用和文献记载

在人类能够从铁矿石冶炼出铁以前，人们最先看到和利用的铁应该是陨铁，即陨石中所含之铁。我国古人大约在3000多年前已经开始使用陨铁了。1972年在河北藁城台西村出土了一件铁刃铜钺，铁刃已全部锈成氧化铁。据考证是公元前14世纪前后商代的兵器。经金相和电子探针分析，可以确定刃部的铁不是人工冶炼的；铁锈中存在的高镍层和高钴层表明，刃是用陨铁热锻加工而成的，厚仅2毫米，宽达60毫米，这是当时的工匠用简单工具制成的。1977年在北京平谷刘家河出土的商代中期的铁刃铜钺，刃部也是用陨铁制成的。这些发现表明，当时人们对铁已经有所认识，知道用铁制造刃口比青铜锐利，并且能够进行锻打加工，和青铜器铸接成器。

**陨铁**
陨铁是陨石的一种，含铁80%以上就称为陨铁。

在春秋战国时期的一些文献中，关于铁和铁器的记载已逐渐增多。《诗经·秦风》中有"驷骥孔阜"的诗句，"骥"可能就是最早的"铁"字，这里表铁色之马。《国语·齐语》中记载管仲曾建议齐桓公"美金以铸剑戟，试诸狗马；恶金以铸锄夷斤斸，试诸壤土"。这里的"美金"指青铜，"恶金"指块炼铁，用以铸造农具。在《管子》一书中说到农民需要铁制农具，还说到齐国设有"铁官"。这些记载说明，我国在春秋时期，即公元前 700 多年，已经较盛行使用铁器了，这和铁的人工冶炼技术的诞生和推广当有密切关系。

### 2. 块炼铁、生铁冶铸和块炼钢的出现

中国人工铸铁技术是何时发明的，至今尚难断定。《左传·昭公二十九年》记载："冬，晋赵鞅、荀寅帅师城汝滨，遂赋晋国一鼓铁，以铸刑鼎，著范宣子所为《刑书》焉。"这是讲公元前 513 年，赵、荀在今河南省中南部的古汝水之滨筑城，铸造了一个铁质刑鼎，以颁布晋国法典，这是铸铁的最早记载。铸刑鼎的铁是作为军赋从民间征收来的，一鼓为 480 周斤，合现在的 110 公斤，这说明当时已有了民间炼铁作坊。从目前的考古发掘结果来看，我国人工冶炼的铸铁器具约出现于春秋末期以前，即公元前 6 世纪左右。南京市六合区程桥的东周墓中出土的铁丸和弯曲的铁条，经鉴定前者是迄今发现的我国最早的生铁，为白口铁铸件；后者是用早期的块炼铁锻成的。1977 年在长沙窑岭一座春秋战国时期的墓葬中出土了一件由麻口铁（含碳 4.3%）铸成的铁鼎，是迄今最早的铸铁器，说明春秋战国时期冶铁技术已很成熟了。

冶铁的原理和冶铜的原理基本相同。所以我国青铜冶铸技术的高度发展，已经为冶铁技术打下了良好的基础。从冶炼工艺来看，块炼铁和生铁的主要差别在于冶炼温度的高低不同。块炼铁的炉温大致为 1000℃左右，这可能是在烧陶、冶铜过程中发现的。如在建造炼炉时偶然用铁矿石作材料，由于与木炭接触，经过长时间高温烧炼和木炭的还原作用，矿石就冶成了块炼铁，由此逐渐创造了块炼法，即将铁矿石在炉中直接与木炭接触烧炼，最后炼出固体铁块来。这种块炼铁结构疏松，呈海绵状，孔隙中夹杂有矿石本身存在的许多氧化物，含碳量很低，性质柔软，不适利用，被称为"恶金"。它不仅产量低，性能还不

如青铜。块炼铁可在一定温度下锻造成型，或同时借反复锻打挤出夹杂的氧化物而变得更为坚实，改变其机械性能。对春秋末期和战国初期的锻造铁器进行的检验表明，所用的原料就是块炼铁。

为了增大铁的产量以适应社会对铁器的需求，几乎在块炼铁出现的同一历史时期，也诞生和发展起了生铁冶铸技术。生铁是由铁矿石和木炭在高大的炉内通过高温熔炼而产生的。在冶炼过程中，铁矿石（各种氧化铁）在一定温度下与高温还原剂（木炭及其燃烧产物一氧化碳）接触，就可以逐步地还原出金属铁。纯铁的熔点为1534℃，还原生成的固态铁吸收碳以后，熔点也随之降低。当含碳量达2%时，熔点降至1380℃；含碳量达4.3%时，熔点最低，为1146℃。利用鼓风技术使炉温升高到1100~1200℃以上，就可得到液态铁水流集于炉底；其上覆盖的一层炉渣保护着铁水不再被氧化。铁水从炉底流出冷却成块，就是生铁。

生铁的含碳量较高，在3%左右，质硬易碎，一般只能用来铸造一些粗笨的东西，锤锻则易坏。程桥东周墓出土的铁丸，就是用生铁铸成的，为白口铁。这表明我国在春秋末期到战国初期，已经将生铁用于铸造了，而且从能炼出液态生铁达到顺利浇铸的温度这一事实来看，可能已采用了鼓风竖炉，在原料、燃料、耐火材料的利用上都有相应的发展。

生铁和块炼铁同时发展，是我国古代钢铁技术发展的独特途径。欧洲一些国家在公元前1000年左右已能生产块炼铁，但直到14世纪才使用铸铁，我国古代只用很短时间就实现了这一技术突破。生铁冶铸技术改变了块炼铁及其加工费时费力、生产量低的弊端，为铁器的推广和普及打下了良好的基础。

块炼铁在炼成后质柔不坚，需要经过加热锻打，挤出其中的夹杂物，才可锻成含碳量很低的"鍒铁"或"熟铁"，以制成器物。含碳量低于 0.05% 的为熟铁，含碳量在 2%~6.67% 的为生铁，含碳量在 0.05%~2% 之间的为钢。在块炼铁的多次加热过程中，由于同炭火接触而增碳变硬，人们由此总结出了块炼铁渗碳成钢的经验，这就是"块炼钢"的冶炼技术。

1976 年在长沙杨家山一座春秋晚期墓葬中出土了一把钢剑，长 38.4 厘米，宽 2~2.6 厘米。从剑身断面上，可以看出反复锻打的层次，中部由 7~9 层叠打而成。这是用块炼铁打成片后进行固体表面渗碳，使两面形成高碳层，中间夹着低碳层，经过对折锻合，并用若干片叠搭锻打成长剑。其中钢的含碳量为 0.5%~0.6%，金相组织均匀，说明可能还进行过热处理。这一发现，把我国炼钢技术出现的时间提前到春秋时期。

东汉赵晔撰《吴越春秋》记载，吴王阖闾请与欧冶子同师的干将铸剑二枚，"一曰干将，一曰莫邪。莫邪，干将之妻也。干将作剑，采五山之铁精，六合之金英。……干将妻乃断发翦爪投于炉内，使童女童男三百人鼓橐装炭，金、铁乃濡，遂以成剑"。铁精（铁矿）所炼是钢剑，金英（铜矿）所炼是青铜剑。钢剑当是从矿石直接炼出的钢折叠锻炼而成的，这种技术欧洲直到 19 世纪才得以掌握。

战国时期的钢制武器已渐增多。《史记·范雎列传》有"楚之铁剑利"的话。近代出土的锋利铁器，也多在楚地。如长沙、衡阳 64 座楚墓中出土的 70 件铁器中，铁兵器占 33 件，其中有剑 14 枚，长的达 140 厘米。所以，这种炼钢技术当时主要在南方。

### 3. 钢铁的热处理技术

早期生产的生铁是白口铁，其中的碳都是以硬度很高的化合态的渗碳体形态存在的，使生铁性脆而硬，铸造性能好，但强度不够。为了克服它的脆性，战国早期就创造了白口铁柔化处理技术。所谓柔化，就是将生铁铸件进行"退火"处理，即将铸件加热到高温，保持较长的时间缓缓冷却，就会适当减低其硬度和脆性，增加其可塑性和冲击韧性，从而得到可锻铸件。按处理条件的不同，可分为白心韧性铸铁和黑心韧性铸铁两种。洛阳水泥制品厂战国早期周王室灰坑出土的铁铸和铁镈，前者是在大约 750℃左右的较低温度下进行退火脱碳处理而得到的白心韧性铸件，也叫脱碳可锻铸铁；后者是在 900℃左右较高的退火温度和 3~5 天的较长退火时间处理下，使渗碳体石墨化而生成的黑心韧性铸件，也叫石墨化可锻铸铁，石墨以团絮状存在。

这种经退火而使铸件柔化的技术，既保持了生铁易于铸造的优点，又增强了铸件的强度和韧性，刚柔结合，大大增加了铁器使用的寿命，使生铁的广泛应用成为可能，加快了铁器代替青铜器的历史进程。在战国的中晚期，这种工艺已普遍用于制造农具和兵器。长沙出土的一把战国中期的楚国铁铲，大冶铜绿山出土的战国中晚期的楚国铁锤、铁斧、铁锄，河北易县燕下都出土的战国晚期的铁镢、铁锄、铁镈等，都是用退火柔化处理的可锻铸铁。国外直到 1722 年才由法国人首先发明了白心韧性铸铁；1826 年才由美国人首先发明了黑心韧性铸铁，比我国晚了 2000 年以上。

含碳量低的块炼铁经过渗碳处理可以炼出块炼钢；含碳量高的白口生铁铸件在氧化性气氛中脱碳退火，将含碳量降低到钢的范围，而不析出或很少析出石墨，也可以得到钢。铸铁脱碳钢技术可以追溯到战国初期，洛阳水泥制品厂出土的战国早期铁锛，就属于铸铁脱碳钢技术早期阶段的产品。块炼渗碳钢件或退火过分的铸铁脱碳钢件，其坚硬程度都可能不足，这就推动人们在实践中摸索出了钢件的淬火处理工艺。钢的应用和淬火是分不开的。河北易县燕下都 44 号墓出土的 79 件铁器中，有锻件 57 件，其中包括由 89 片甲片组成的冑一件，以及剑、矛、戟、

**燕下都**

燕下都是战国时期燕国的都城，也是我国现存的一处较完整、文化遗存极为丰富的大型战国都城遗址。1961 年被国务院公布为第一批全国重点文物保护单位。

刀、匕首、带钩等。这些锻件大部分是由块炼钢锻制后经过淬火处理的。这一事实证明，至迟在战国晚期，淬火技术在生产上已得到广泛应用。所谓淬火，即将钢件加热到高温后使之急速冷却（如急速浸入冷水或冷油中）。经淬火处理后的钢件，质地就变得坚硬，刃部也更锋利。淬火所用的冷却物质，自古就受到重视。最早大概都是用水，后来又扩展到用动物的尿和脂肪。尿中含有盐分，冷却能力比水强；用脂肪淬火，高温时冷却快，低温时冷却慢。所以，用尿和脂肪淬火，可以得到性能良好的钢件制品。

　　块炼铁和生铁冶铸，块炼钢和铸铁脱碳钢，铸铁柔化和钢件淬火，这三项技术发明，是春秋战国时期具有划时代意义的重大历史事件。它们的发明，为生产工具的变革，为生产力的提高创造了物质条件，同时也为社会的进步带来了新的推动力。

## （三）冶铁业的发展与铁器的普及

如果说春秋末期是冶铸技术开始兴起的时期，那么到了战国中期以后，冶铁业则在十分广大的地区普遍建立起来，成为手工业的最重要的生产部门，出现了铁器生产和冶炼技术大发展的局面。

近几十年来在北起辽宁，南到湖南，东起山东半岛，西到陕西、四川的广大地区，都有战国时期的铁器出土，说明到了战国中后期，冶铁手工业已经突破了地区的限制，在全国范围内得到了巨大的推广。现有资料表明，当时的冶铁工业基地分布于南到楚国的湖南，北到燕国的辽东半岛和渔阳（今北京市密云区），西到秦国的武威，东到齐国的广大地区。

当时的生产规模也很壮观。如山东临淄齐国故都冶铁遗址就有四处，最大的一处面积达40余万平方米，河北易县燕下都城址内有冶铁遗址三处，总面积也达30万平方米。这一时期出现了许多著名的冶铁手工业中心，如赵国的国都邯郸，楚国最著名的冶铁手工业基地是宛（今河南南阳）、邓（今河南孟州市东南）。

赵邯郸故城
赵邯郸故城位于河北省邯郸市区及其西南郊，1961年被国务院公布为第一批全国重点文物保护单位。

当时从事冶铁手工业的人数也很多。齐灵公（前581—前548在位）时的"叔夷钟"铭文里有"造戬徒四千"的记载。"戬"是"鐡"的初文，这是说有冶铁工匠4000名之众。这一时期也出现了一些"富比王侯"的冶铁巨商。如《史记·货殖列传》中所说的郭纵，就是在邯郸从事冶铁业的大工商奴隶主。

铁器的使用，已经推广到社会生产和生活的各个方面，成为各行各业必不可少的用具，包括农民的耕具、工匠的工具和女子的纫具，充分表明铁器在社会生产和生活中的重要作用。

为适应战争的需要，铁和钢制造的兵器已开始使用。现已出土的有铁剑、戟、矛、匕首、镞、铤、铁甲、铁杖等各种各样的兵器。

铁制农具已逐渐取代了青铜和木、石农具。从考古发掘材料来看，当时齐、韩、赵、魏、燕、楚、秦等诸侯国已普遍使用铁制农具。1955年在河北石家庄市庄村赵国遗址出土的铁农具，占全部农具的65%。河北兴隆县燕国冶铁遗址发现一批铸铁用的铁范共48付（87件），其中用于铸造农具的铁范有28付（51件），占60%。辽宁抚顺莲花堡燕国遗址出土的农具中，铁农具占85%。1950—1951年河南辉县固围村1号魏墓出土的65件铁器中，农具就有58件，包括镢、锄、铲、镰、犁铧等一整套农用器具。铁农具的广泛使用，在战国中后期促进了农业耕作技术的发展。牛耕和铁犁铧的结合使用，用铁锄头耘苗除草、铁镰收割，开始形成了我国农业精耕细作的优良传统，大大提高了农业生产率。

铁器的使用为大规模兴修水利工程创造了条件。西门豹漳水十二渠工程、秦昭王时的都江堰工程、秦国末年的郑国渠工程等大型灌溉工程，如果没有大量铁工具的使用，是很难完成的。

由于钢铁工具比青铜工具更锋利、耐用，所以铁制工具如铁削、铁锤、铁斧、刮刀、凿子、刻针等，在手工业制作中也得到普遍应用，并促使手工业生产效率大大提高。当时有相当多的人口从事小手工业生产，他们自己制造器物，自己出卖制品，促进了商业的繁荣和贸易的发展。社会经济和商品交换的发展，又促进了城市的建立和扩大。《战国策·齐策》和《史记·苏秦列传》中描写齐国都城临淄有 7 万户人家，人群拥挤，车水马龙，一派繁荣景象。这些事实说明，铁器的广泛使用，促进了当时社会生产力的提高，使新兴的封建制生产关系得到了巩固和发展；这个事实同时也证明了科学技术是第一生产力这一科学真理。

## （四）找矿经验与采矿技术

### 1. 找矿经验

干将和莫邪
干将、莫邪是干将、莫邪铸的两把剑。干将是雄剑，莫邪是雌剑。双剑化龙，成为福建南平市市标，坐落于市中心延平湖湖面之上。

春秋战国时期，已经积累了较丰富的找矿经验。吴王阖闾时制造的名剑干将、莫邪，就是"采五山之铁精"锻炼而成的。《管子·地数》篇说："出铜之山四百六十七山，出铁之山三千六百九山，"从中也可粗略看出当时发现的铜、铁矿点之多。《五藏山经》中记载了矿物 89 种，其中有金属矿、非金属矿，各种玉、怪石和各色垩土等。分布于今陕西、山西、河南、湖北、湖南等地地点确切的产铁之山就有 34 处；另记载有出金之山 139 处，出银之山 20 处，出铜之山 30 处，出锡之山 5 处。

《五藏山经》还根据矿石的硬度、颜色、光泽、透明度、粗糙或平滑程度、敲击声音、磁性、医用性能、集合体状态（土状、块状、卵状、米粒状）等性质，来区别矿物和岩石。《五藏山经》还有关于赤铜与砺石、铁与文石、银与砥砺、铁与美玉以及青垩、金银与铁、金玉与赭石等矿物的共生现象的记载。这些记载，比希腊学者乔菲司蒂斯（前371—前286）只记有金、石、土三类16种矿物的《石头志》早200年左右，而且内容要丰富得多。从大量的找矿实践中，人们总结出了矿苗和矿物之间的共生关系。如《管子·地数》篇称："山上有赭者，其下有铁；上有铅（铅）者，其下有鈝银；上有丹砂者，其下有鈝金；上有慈石者，其下有铜金。此山之见荣者也。"所谓"山之见荣"，就是矿苗的露头。赭即赭石，多种铁矿石表层风化而成赭石；铅和银的共生是习见的；这里的"鈝金"实指黄铜矿，呈铜黄色；"铜金"指黄铁矿，呈黄铜色，易误为铜。丹砂与黄铜矿都是金属硫化物，可能共生；慈石即磁铁矿，黄铁矿风化后会成为磁铁矿和褐铁矿。上述这段概括，大体上符合现代矿床学的理论，这对当时矿床的探寻是有指导作用的。

### 2. 矿石采掘

1974年，湖北大冶铜绿山比较完整地发掘出的春秋战国时期的古铜矿井，是当时矿井开掘技术的历史见证。这处古矿遗址南北长约2公里，东西宽约1公里；废弃的矿渣估计有40万吨之多，表明其冶炼规模之大和采掘时间之长。发掘出的一座春秋时期的古矿井，深达40米左右；一座战国中晚期的古矿井，深达50余米。用简单的铜、铁工具开掘成这么深的矿井，在当时是十分不易的。

大冶铜绿山古矿遗址
发现于1973年，被誉为"这是中国继秦始皇兵马俑后一处奇迹"，1982年被列为全国重点文物保护单位，2018年12月，大冶铜绿山古矿遗址被纳入国家保护项目库。

矿井合理地采用了竖井、斜井、斜巷、平巷相结合的开掘方式。竖井为交通孔道，用以提升矿石、地下水和把支护木运到井下；斜巷主要是为了探矿；平巷分布于斜巷两侧，用于开采矿石。

古矿井较好地解决了井下的通风、排水、提运、照明和支护等一系列复杂的技术问题。

在通风方面，很科学地利用井口高低不同所产生的气压差形成自然风流，并封闭废弃的巷道控制风流，引导风沿着采掘方向流动，并使之达到最深的采掘工作面。

在排水方面，用木制水槽组成井下排水系统，将水先引到井下积水坑，再用桶提出井外，初步解决了矿井积水问题。

在提运方面，采用分层提升方法，即掘一段竖井，挖一段平巷，每个平巷都装有辘轳等提升工具，将50多米深处的积水和矿石分级接力提运到井口上。

在巷道支护方面，用直径5~20厘米左右的圆木，采用榫接和搭接相结合的木支架形式，有效地承受了巷道的顶压、侧压和底压。直到2000多年后的今天，有的巷道的支架还相当牢固。

在矿石开采方面，当时已经掌握了某些找矿方法。不仅懂得通过观察自然铜、孔雀石的颜色、光泽来找矿，而且还能利用简单器具来测定矿石品位，决定采掘方向。井下发现的船形木盘，可能就是用于重力选矿这一目的的。从矿井中斜巷、平巷的分布可以看出，当时确实是沿着矿石富集、品位高的方向进行采掘的。在采矿方法上，当时采用的是分段上行采掘法，即从矿层底部自下而上逐层开拓平巷，对已采矿石在井下即行初选，把碎石、泥土和贫矿就地充填废井，以保证运出的大多是富矿，同时也减少了井下运输和提升的工作量。

铜绿山古矿井的发掘，生动地展示了我国春秋战国时期金属采矿业的发展规模和技术水平所达到的高度。

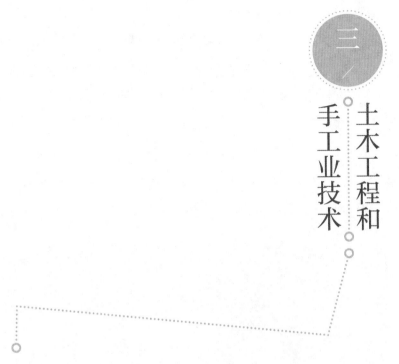

三

手工业技术　土木工程和

## （一）土木工程

春秋战国时期，由于农业的发展，战争和商业贸易的需要以及铁器的推广应用，兴起了一个规模空前的大型水利设施修建的高潮。这些水利设施包括灌溉工程、运河工程和堤防工程。这些工程对当时农业和社会的发展起到了积极的作用。这一时期城市和宫殿建设的规划设计，也有了一定的准则。

### 1. 灌溉工程

西周时我国已有引水灌溉的记载。《诗经·小雅·白桦》有诗句："滮池北流，浸彼稻田。"滮池是渭水支流滮水的上源，所灌稻田在今西安西南，周都丰镐附近。而大型灌溉工程的修建，始于春秋之末，盛于战国，是当时实施重农政策的一个重大措施。其中最主要的有芍陂、漳水十二渠、都江堰和郑国渠四大工程。

（1）芍陂

芍陂是古代淮河流域较早兴建的一座大型蓄水灌溉工程，位于今安徽寿县安丰城南，又叫安丰塘，是公元前 6 世纪末楚国令尹孙叔敖主持修筑的。水库巧妙地利用了当地东、南、西三面较高，北面低洼的地势状况，利用天然湖泊在四周筑堤，引淠水经白芍亭东积而成湖。《水经注·肥水注》说陂堤长二三百里，"陂有五门，吐纳川流"。说明可能已有闸门设施。东汉时可灌田万顷。由于芍陂及附近其他陂塘的兴建，水稻种植得到很大发展，使这一带富庶起来。

芍陂

芍陂是由春秋时楚相孙叔敖主持修建的水利工程。2015 年 10 月 12 日芍陂成功入选 2015 年世界灌溉工程遗产名单。

（2）引漳十二渠

战国初期，各诸侯国变法图强，大力发展农业。魏国要地邺（今河北临漳县西南 20 千米的邺镇）位于太行山东部冲积平原上。漳水从此地流过，雨季时河水宣泄不畅，常泛滥成灾。魏文侯（前446—前397在位）时李悝等推行变法，在公元前422年任西门豹为邺令。西门豹沉重打击了当地劣绅和女巫勾结玩弄的借水灾向百姓勒索钱财、残杀少女的"河伯娶妇"迷信活动，率领百姓在漳河上修建了12道低滚水坝，开凿了12条大渠，引水灌溉漳河右岸土地。《水经注·浊漳水注》载："一源分为十二流，皆悬水门。"以水闸调节水量，变水害为水利。经过大约100年，魏襄王时任史起为邺令，又大兴引漳灌邺工程，将大片盐碱地变成水稻田，使魏国河内地区更加富庶。

（3）都江堰

都江堰在四川灌县，是举世闻名的古老而宏伟的灌溉工程。堰古称"湔堋""湔堰""都安大堰"等，宋代才有人始称"都江堰"，取名于成都江（即"都江"），指过成都的府河及锦江。

都江堰是秦昭王（前306—前251）时蜀郡守李冰主持修筑的，渠道遍布成都平原各县。从1949年以前的工程布局可看出，它是由分水工程（分水鱼嘴）、开凿工程（宝瓶口）、闸坝工程（人字堤、百丈堤、内外金刚堤和飞沙堰）三部分组成的一个有机整体。

在灌县西北岷江江心洲筑成的分水鱼嘴，把岷江分为内外二江，西面的外江为岷江正流，沿江筑有堤防；东面的内江是引水于渠，由宝瓶口控制引水流量的大小，流入成都平原上密布的农田灌渠。百丈堤起到导流和护岸的作用。

宝瓶口可能是在早于李冰二三百年的蜀相开明所修工程的基础上，劈开玉垒山建成的渠首工程[1]。宝瓶口左岸是玉垒山，右岸为离堆。现宽20米，高40米，长80米，可使足够的内江水量由此流入灌渠体系。

---

① 姚汉源对此说有疑，见姚著《中国水利史纲要》，水利电力出版社1987年版第47页注①。

### 都江堰

都江堰位于四川省都江堰市（原灌县）城西，是世界上年代最久、唯一留存、仍在使用、以无坝引水为特征的宏大水利工程。

闸坝工程包括调节内江水量的溢洪道"飞沙堰"和一整套闸坝设施。飞沙堰长约180米，堰身的高度可使汛期入内江的洪水和大量沙石由堰顶泄入外江，即所谓"低作堰"；人字堤护岸兼溢流，可以补飞沙堰溢洪之不足。工程规划相当完善，分水鱼嘴、宝瓶口和飞沙堰三项主要工程联合运用，互相配合，一般可保证大水时二江分流比例为内四外六，洪水不致冲入内江成灾；枯水时二江分流比例为内六外四，足敷灌溉之用。

鱼嘴和堤防的修筑都是就地取材，用当地盛产的竹子编成巨大的竹笼，装填卵石，沉积堆叠而成，施工简便，节省费用，工效显宏。

据《华阳国志·蜀志》载，在分水鱼嘴附近曾立三石人于岷江、外江、内江水中，起着水尺的作用，以量水位的高低，从而测定内江的进水流量，及时进行调节，使"水竭不至足，盛不没肩"。1974年和1975年，在外江曾先后掘得石人二枚。另载李冰作石犀五枚，其二深埋于内江，以作为都江堰岁修"深淘滩"的控制高程，使河床有一定的深度和过水断面，以保证河床可以安全通过较大的洪水流量。

都江堰的规划、设计和施工，都具有较高的科学性和创造性。都江堰的建成，使成都平原大约300万亩良田得到灌溉。《水经·江水注》称："蜀人旱则借以为溉，雨则遏其流。故记曰：'水旱从人，不知饥馑，沃野千里，世号陆海，谓之天府也。'"

（4）郑国渠

郑国渠是秦始皇元年（前246）在关中引泾水兴修的大型灌溉工程，是由原籍韩国的一位名叫郑国的水工设计主持为秦国开凿的。渠首在仲山西麓瓠口（今陕西泾阳县西北50里的谷口），引泾水东流注入洛水，全长300多里，用了十多年时间才完工，工程十分壮观。

郑国渠的设计体现了较高的水流水文学知识。谷口是泾水进入渭北平

郑国渠

2016年11月8日，郑国渠申遗成功，成为陕西省第一处世界灌溉工程遗产。

原的一个峡口，东面是广阔的平原，地形西北略高，东南稍低。渠首选在这里，使整个水利工程自然形成一个全部自流灌溉系统。引水口选在谷口泾河凹岸稍偏下游处，正是河流流速最大的地方，增大了渠道的进水量，并使水中大量富有肥效的细泥也进入渠道以进行"粪灌"（淤灌）。引水口处上层由凸岸流向凹岸的水流和下层由凹岸流向凸岸的水流形成的横向环流，既在上层增大了引水口的进水量，又在下层使较重的粗沙冲向凸岸，避免了粗沙入渠堵塞渠道。

据《史记·河渠书》称，郑国渠的修建，"溉泽卤之地四万余顷，收皆亩一钟"。泾水泥沙含量大，引用灌溉，其淤泥可作为肥料。秦亩一亩等于今0.288市亩，四万余顷秦亩合今115万市亩。渭北平原远古为通海湖泊，土带卤性，引渠水淤灌压碱可成为良田。一钟为秦六斛四斗，即640秦升，合今2.2石，即200多斤。这使"关中为沃野，无凶年。秦以富强，卒并诸侯"（《史记·河渠书》）。

### 2. 运河工程

春秋战国时期开凿了很多运河。魏在黄河以南的荥阳（今河南郑州西北），楚在汉水和云梦诸湖泊，吴在江淮太湖，齐在山东淄、济等地，都开有运河以通水运。其中最著名的是邗沟—荷水和鸿沟。

#### （1）邗沟—荷水

邗沟是我国历史上第一条有确切开凿年代记载的大运河。公元前486年，吴王夫差为北上争霸，首先要创造交通运输条件，便在邗地（今江苏扬州东南）筑城，南接长江，向北利用各湖泊河道疏通开凿，在今淮安东北入淮水。后来屡经改道整修，一直是沟通江淮的主要运河。

开邗沟后三年，吴又继续向北开凿，在"商鲁之间"开了一条运河，名荷水，使沂水（泗水支流）、古济水相连通。于是吴兵船只便可从长江出发，由邗沟北上经泗水，再由荷水通济水至黄河。

（2）鸿沟

战国中期，魏占据了今河南省东北大部。为称霸中原，魏惠王（前370—前319在位）九年（前362）迁都大梁（今河南开封）。为加强与宋（今河南商丘）、郑（今河南新郑）、陈（今河南淮阳）、蔡（今安徽凤台）等地的联系，于次年开凿鸿沟。从河南荥泽引黄河水入圃田泽（今中牟县西），再向东开至大梁城北。惠王三十一年（前340）再由大梁城北继续东开，并向南转。

鸿沟向东一支后称汴（古作汳）渠，下游至彭城（今徐州）入泗，由春秋郑地通曹、宋等地；汴水之南为睢水，自浚仪县由鸿沟分出，东流入泗，经宋、楚地；鸿沟南支西汉时名狼汤渠，南至陈县以南入颍水，魏惠王时陈属楚。

当时鸿沟运渠最为重要，地处中原，四通八达，沿运道有许多城市。大梁、荥阳等地，秦汉时为东西方向粮食水运输送的要地。

大型水利工程的修建，包含了测量、选线、规划、施工等一系列技术问题。《管子·度地》对水利工程技术经验作了概括。文称："夫水之性，以高走下则疾，至于漂石；而下向高，即留而不行。"它还对水流受阻产生的水文现象和水力现象作了观察描述，为运用水流规律治理水害提供了理论根据。关于渠首工程位置的选择，文中提出了"高其上，领瓴之"的原则，就是要抬高上游水位，以便让水顺利流入于渠。它还具体说明："尺有十分之，三里满四十九者，水可走也。"即在 3 里长距离内，渠底若能降落 49 寸，相当于千分之一的坡度，即可保证渠水畅流无阻。这是非常宝贵的修渠经验。

### 3. 堤防工程

春秋战国时期，人们为了防治洪水，在黄河边修建了不少堤防工程，这些工程还兼作御敌防范或进攻邻国之用。

在堤防修筑的实践中，人们逐渐积累了不少经验知识。《韩非子·喻老》说"千丈之堤以蝼蚁之穴溃"，指出了动物穿穴造成渗漏和大堤溃决的危害。

《考工记·匠人》和《管子·度地》还记载了堤防设计、施工、保护的技术问题。如关于堤防横断面的形状，《度地》篇指出要"大其下，小其上"，这种形状既可保证不致产生滑坡，也符合水的侧压上小下大的规律。《匠人》篇更具体地说："凡为防，广与崇方，其杀参分去一，大防外杀。"郑玄注曰："崇，高也。方，犹等也。杀者，薄其上。"就是说堤防的顶宽为底宽的三分之二；"大防外杀"可使大防受力后具有更高的稳定性，这与现代"重力坝"的原理是相符的。

关于堤防施工的时间，文中指出宜在"春三月，天地干燥……山川涸落……故事已，新事未起"之时进行。《管子》还提出，大堤上要"树以荆棘，以固其地，杂之以柏杨，以备决水"。

### 4. 城市和宫室的规划设计

《考工记》中对城市和宫室规划设计的准则作了初步的总结。在《考工记·匠人》中记述天子都城的制度是："匠人营国，方九里，旁三门，国中九经九纬，经涂九轨，左祖右社，面朝后市。"现已挖掘的春秋战国时期的城市遗址，如晋国侯马、古晋城、燕国下都、赵国邯郸的规划方式，基本相同，都采取方形城郭、正角交叉街道的方式。

《礼记》中记述周代的"五门"（皋门、应门、路门、库门、雉门）和"三朝"（大朝、外朝、内寝）的制度，在后世的宫殿、寺庙和住宅的规划中，都有很大的影响。

《考工记》和《礼记》中还有关于城市与宫殿建筑的记述。如关于粮仓和城的围墙，《考工记》指出："囷窌仓城，逆墙六分。"囷为圆形谷仓，窌为古代一种小屋。这里说在建筑仓、城时，围墙的截面应呈底宽于顶的形状，其高与外斜的比例应为 6∶1，以保证墙体能够抵抗住谷粒等储存物的侧压力。

1978 年在河北平山县战国时代的中山国中山王礜墓出土了一块金银错"兆域图"铜版，是一幅为建筑中山王和王后陵墓群而作的总体规划设计平面图。"兆域图"长 94 厘米，宽 48 厘米，大约是按 1∶500 的比例绘制的。墓主人中山王礜的埋葬时间在公元前 310 年左右。图版的中心部分东西方向排置三个各"方二百尺"的大"堂"，中间为"王堂"，西为"王后堂"，东为"哀后堂"。东端和西端各有一个"方百五十尺"的小"堂"。大堂之间相隔百尺，小堂距大堂八十尺。"丘足"（即墓坡的坡足）与大堂之间的"丘平者五十尺，其坡五十尺"。丘足之外的长方形"内宫垣"将各"堂"围起。内宫垣北外侧东西排置四个各"方百尺"的"宫"，宫门南开朝向内宫的墓"堂"。宫外的长方形"中宫垣"将整个墓群围起。"兆域图"是迄今所见我国最早的一幅建筑组群的设计规划图。

## （二）器械制造

春秋战国时期，在农业发展的基础上，手工业生产也得到了长足的发展，积累了丰富的手工业技术经验。春秋末期成书的《考工记》，对春秋时期手工业生产的工艺和技术规范作了记述，真实具体地反映了当时手工业发展的水平。

《考工记》卷首称，当时"国有六职"："坐而论道，谓之王公；作而行之，谓之士大夫；审曲面势，以饬五材，以辨民器，谓之百工；通四方之珍异以资之，谓之商旅；伤力以长地则，谓之农夫；治丝麻以成之，谓之妇功。"这里把"百工"与王公、士大夫、农夫等相提并论，表明手工业者在社会上已占有重要地位。《考工记》记述了当时手工业的 30 个生产部门："攻木之工七，攻金之工六，攻皮之工五，设色之工五，刮摩之工五，抟埴之工二。"工种涉及运输和生产工具、兵器、乐器、容器、玉器、皮革、染色、建筑等项目，包括了当时手工业的主要工种，每个工种内又有更细的分工。它反映了当时手工业高度发展、生产专门化和内部分工越来越细的趋势。有关生产制造工艺和设计规范的内容，我们将分别在有关部分叙述。

### 1. 车辆的制造

早在商代，我国已能制造相当完备的两轮车。车由车辕、车舆和轮、轭等部分组成，车轮有辐条，加上马具和辔饰，极为精致华美。周代已采用油脂作轴承的润滑剂，用于车战和贵族狩猎的车形制已相当精巧。但从发掘出土的商周战车来看，还存在着用材比例不合理、重心偏高等缺陷。

春秋战国时期，车辆制造有很大发展。各国除拥有大量战车之外，贵族和平民乘坐和运输用的车辆种类已很多。如辂车（天子、诸侯所乘马车）、辇（人推挽之车，帝、后所乘）、轩车（大夫所乘轻便马车，又称巢车）、轺轩车和轺车（使臣所乘轻车）、辒车（载灵柩的四轮丧车）、辒辌车（可坐卧的车）、辎车（载辎重之车）、广车（兵车）、轒车（有屏蔽的兵车）、辒辌车（四轮车上立木架，蒙以生牛皮，下可容

10 人，作攻城之用）、连弩之车（三轮，装并连之两弩，人推行，以辘轳引弩，守城用）等等。牲口（多用马）拉的车一般为独辕（辀），双轮，因此一部车叫一"辆"。春秋以前战争以车战为主，故"军"字从"车"。战车的左右轴端还可装以利刃。

《考工记》对官府制车工艺及规范，作了比较完整的记述。车轮是车辆的关键部件，车轮在地面上的滚动，会出现摩擦、施力方向不同等力学现象，从而影响车子的运动。《轮人》篇指出："凡察车之道，必自载于地者始也，是故察车自轮始。凡察车之道，欲其朴属而微至。不朴属，无以为完久也；不微至，无以为戚速也。""朴属"就是坚固结实；"微至"即轮与地面的接触面积小。接触面积大，就难以快转；接触面积小，容易转得快。所以在《考工记》的《轮人》《车人》《辀人》诸篇中，对车轮的制作和检验，提出了一系列技术要求。

首先，要用规精细地校准轮子的外形，使它尽量接近于理想的圆。

其次，轮子的平面必须平正。检验之法为：将轮子平放于与轮子等大的圆形平台上，观察是否彼此密合。

第三，用悬垂比较各个辐条是否笔直。

第四，将轮子放入水中，看各处的浮沉是否一致，以确定其各部分是否均衡。

第五，以量具测两个轮子的尺寸大小和轻重，以求相等。

第六，轮子的整体结构必须坚固。

第七，毂的长短粗细要适宜，要根据车辆的用途和行车地形选择车毂的尺寸。

第八，车轮的高度一定要适宜，使车在平地上运行时车辕大体保持水平状态。即与马的高低相适应。

第九，车轴必须选材精美，坚固耐用，转动灵便。

第十，制造车辆，必须选用适时采伐的坚实木材，即所谓"斩三材，必以其时"。

此外，《考工记》还对车辕、车架的制作，各个部件的连接方法以及不同用途的车辆的要求等作了分别叙述。《庄子·天道》记载齐桓公时（前685—前643）一个叫轮扁的著名车匠对齐桓公说："斲（斫）轮，徐则甘而不固，疾则苦而不入，不徐不疾，得之于手而应于心，口不能言，有数存焉于其间。"这是说做轮子太宽了松垮不坚固，太紧了装配不上，必须不宽不紧，这是有数理要求的。从这些记载可以看出，当时车辆的制造技术，已达到很高的水平，对各个部件都有周密严格的技术规定，而且已经认识到其中的一些科学道理，并能够自觉地加以应用了。这正是对商周以来我国制车和用车的丰富经验的科学概括。

### 2. 简单机械的制造

在古代，提挈重物是一件相当费力的工作。墨家在对斜面进行研究的同时，还设计了一种提升重物的装置。这个装置称为"车梯"，是一个装有滑轮的前低后高的斜面车。绳子绕过滑轮，一端绕在轮轴上，另一端拴住被提升的重物；当车梯前进时，重物就会沿斜面不断升高，从而节省了人力。

春秋时期，我国运用桔槔即提水杠杆已很普遍。农民用桔槔从深塘、河渠或井里把水提到高处进行灌溉。杠杆原理在春秋末到战国初期，还被广泛用于制造天平、秤、剪刀、锄刀、手钳、脚踏碓等。辘轳也是应用杠杆原理的变化形式制造出的一种提升工具。到春秋战国时期，辘轳已得到普遍使用，并成为从矿井中提升矿石和向井下运送支护木料的重要工具。

### 3. 军械兵器的制造

春秋战国时期，各诸侯国互相攻占兼并，战争频繁，军事技术和兵器制造发展很快。《墨子·备城门》以后诸篇，集中反映了这一历史状况。《备城门》篇述及的攻城器械有：钩（钩梯，像建筑上用的活动脚手架），衝（人推车辆，上装铁头巨木，用以冲破城门），梯（云梯），辒輼等。守城用的器械有：连弩之车，转射机（可能是装有立轴的弩，可向各个方向转动发射），橐龠（施放烟雾的鼓风皮囊）等。

春秋战国时期的基本兵器是所谓"五戎"或"五兵"。《谷梁传·庄公二十五年》注明"五兵"即矛、戟、钺、楯（同盾，即藤牌）、弓矢。《礼记·月令·季秋之月》注明"五戎"谓"五兵"，即弓矢、殳（竹制八棱而尖的兵器）、矛、戈、戟。《吕氏春秋·季秋纪》说："是月也，天子乃教于田猎，以习五戎。"注曰："五戎，五兵，谓刀、剑、矛、戟、矢也。"

我国古人对于弹力器具的使用，最早当是弹弓，后来才发明了射箭的弓和弩。《吴越春秋》上有"弩生于弓，弓生于弹"的记载。

关于弓箭的制造，《考工记》记载当时已有"弓人""矢人""冶氏"的专门分工，各个部件的制作都有很详细的技术规定。在弓的制造上，特别注意弓干所用材料的选择。《弓人》篇指出："柘为上，檍次之，檿桑次之，橘次之，木瓜次之，荆次之，竹为下。"篇中还就如何增加弓干的弹力以射远，如何增大射速，如何加固和保护弓体等作了论述，其中包括了一些材料力学的知识。

我国弩的发明比西方早 13 个世纪。弩机大约是在春秋时期发明的，它是在弓的基础上经过改进而制造的一种强力武器。上古时期随着弓箭的发展，弓的力量已经相当强大。但因它是直接利用人的臂力操纵的，既受臂力的限制，也不能长时间张弓以待，这就需要在弓上添装一

弩机

<u>西方学者认为中国战国时期的弩机可以和近代的来复枪相媲美,是古代工程技术的杰出成就之一。</u>

个"延时装置",既可把一人或多人的力量储备起来,又可延迟发射时间,以便捕捉最有利的发射时机,于是便创造了弩机。

一般的弩机,四周有"郭"(外壳),郭中有"钩金",其一端为"牙",可钩紧弓弦,另一端可有"望山"(瞄准器)。"牙"下连接"悬刀"作为扳机。使用时先把弦拉开扣在弩机的牙上,扳动悬刀将牙缩下,弦就会把箭射出。比起在射箭时才临时拉开的弓来,弩则起到了储备弹力的作用。

最初,弩和弓一样是用一个人手臂的力量拉开的。战国以来,则出现了装有连杆和脚踏的、用脚蹬方式将踏脚压到地就可将弓拉开的偏架弩,又叫"神臂弓"。据说用它可将箭射出300步远,能穿透铠甲上的几层铁片,威力很大。此外还有用绞车开弦的"车弩",将两张或三张弓合成一个弩的"床子弩",储备人力和弹力的作用就更加明显了。到了战国中期,我国制造的铜弩机已经比较先进了。汉代以后,由于"望山"上有了刻度,使弩射击的准确性得到很大提高。

关于箭矢的制造,《考工记》将它分为用于战争的"兵矢"、用于弋射的"田矢"和用于田猎的"杀矢"。按照它们的用途,分别对它们的镞的长短、大小,铤的长短和铁管的设置,规定了不同的比例。为了保证箭在空中飞行时保持稳定,就需要在箭杆上合适地安装上起平衡和定向作用的羽毛。《矢人》篇说明了利用箭杆在水中沉浮的状态判明其

**箭矢**

箭矢一般指箭，是一种借助于弓、弩，靠机械力发射的具有锋刃的远射兵器。由箭头、箭杆、箭羽三部分组成。

质量分布情况和各部分的比例，再确定羽毛的装设，即"水之，以辨其阴阳；夹其阴阳，以设其比；夹其比，以设其羽"。这就可以保证重心位置适当，"虽有疾风，亦弗之能惮（扰乱）矣"。如果箭杆、箭羽的轻重和重心设置不当，就会影响箭在空中的飞行状态："前弱则俛，后弱则翔（翘起），中弱则纡（绕弯），中强则扬；羽丰则迟，羽杀则躁（失稳）。"这是对箭体结构（大小、重量分布）与飞行状态之间关系的出色的技术总结。

### 4. 乐器的制造

我国古代在乐器的制作上有许多发明和创造。《诗经》上记载，西周时乐器就有 29 种。其中弹弦乐器有琴和瑟。吹奏乐器有埙、籥、箫、管、篪（管状横吹）、笙 6 种。打击乐器有鼓、磬、鼖（大鼓）、

**瑟**

瑟是中国传统弹弦乐器，最早的瑟有五十弦，所以又称"五十弦"。现在的瑟是二十五弦。

贲、应、田、县鼓、鼍鼓、鞉（摇鼓）、钟、镛、南、镇、缶、雅、柷、圉、和、弯、铃、簧等 21 种。

从这些乐器可以看出，古人已能运用各种质地的材料来制造乐器。西周时按不同材料把乐器分为八大类，称为"八音"，即土曰埙，匏曰笙，皮曰鼓，竹曰管，石曰磬，金曰钟，木曰柷，丝曰瑟。这表明当时人们已经知道金属、木头、陶土、皮革、石头、丝织物体、植物等均能发声和传声，而且有不同的音色。

**春秋铜浴缶**

浴缶是用来盛装液体的器具。浴缶不仅种类繁多，而且形态各异，是古代青铜制作工艺的代表。

春秋战国时期，箫和笛已相当流行，弦乐器中有琴、瑟和筝。1978年在湖北随县发掘的约公元前 443 年的曾侯乙墓出土了编钟、编磬、鼓和瑟等八种乐器共 124 件。其中有总重量达 2500 余公斤的 64 件编钟，分三层八组挂在铜木钟架上。上层的叫钮钟，中、下层的叫甬钟。各个钟的口径大小、厚薄和甬的长短各不相同，这是按照不同音阶的需要设计制作的。研究表明，每个甬钟在镌刻着标音位置的两个部位敲击，能发出两个有一定谐和关系的乐音；在每个钟的隧部和右鼓部位多标有该钟发音的音阶名称。这套编钟音色优美，音域很宽，可跨五个八度，音阶结构和现在 C 大调七声音阶极为相似，构成了一套完备的可供旋宫转调的 12 个半音系统。这个情况表明，当时乐器的发声已由不定音发展到固定音，七音和十二律的音阶体系已经形成。曾侯乙墓中的其他乐器也有重要的科学研究价值。如其中的笙有 12 管、14 管、18 管三种不同规格，是我国最早的系列竹簧乐器。曾侯乙墓的排箫和篪在我国

曾侯乙墓的排箫

排箫的竹管按照长短顺序排列，因为能吹出高低不同的
音调，故又称"参差"。现收藏于湖北省博物馆。

是首次出土，出土的琴也是迄今年代最早并较为完整的文物。

从文献记载和文物发掘的材料来看，早在春秋以前，我国的敲击乐器、吹奏乐器、管乐器和弦乐器已很完备，人们从音乐实践中已经懂得了用调节管弦的长短来改变音律；掌握了利用共鸣作用和管内空气柱的振动作用使簧片等发出各种不同的声音。

## 5. 著名工匠

随着小手工业技术的普遍提高，春秋战国时期也出现了许多著名的工匠和技术家。

鲁班是春秋末、战国初年的一位土木建筑和军事技术家。鲁班复姓公输，名般。因他是鲁国人，"般"与"班"同音，故被称为鲁班。约生于周敬王十三年（前507），卒于周贞定王二十五年（前444）；出身于世代工匠的家庭，从小就学会了各种木工手艺和建筑技术。

鲁班的发明创造很多，《事物绀珠》《物原》和《古史考》等古籍记载，木工使用的曲尺（矩）、墨斗、刨子、钻子、凿子等工具，传说都是鲁班发明的。鲁班发明的锁，机关藏于锁内，必须用专门配备的钥匙才能开启。民间还传说鲁班由于被山上一种长有许多小细齿的草叶划破手掌而发明了锯（另一种说法是轩辕发明锯）。据《世本》所载，鲁

**鲁班纪念馆**

鲁班纪念馆位于山东省滕州市龙泉广场，目前这里是全国建筑体量最大、功能最全的纪念鲁班的专门场馆。

班还发明了"硙"，即一种石磨，解除了人们用臼杵舂米捣麦的笨重劳动，2000 多年来成为中国农村碾米磨粉的唯一工具。

《墨子·鲁问》篇记载："公输子削竹木以为鹊，成而飞之，三日不下。"另传他还制成了由木人驾驭而自动行走的机动木车马。这些带有神话色彩的传说，正是对鲁班高超技艺的夸张渲染。

**石磨**

通常是由两个圆石做成，是用于把米、麦、豆等粮食加工成粉、浆的一种机械。

在兵器方面，据《墨子·公输》记载，鲁班曾被楚惠王聘为楚国的大夫，"为楚造云梯之械成，将以攻宋"。这种攻城用的长梯比楼车还高，故称为云梯。鲁班还制造了水战用的"钩强"（又名"钩拒"）。这些都是很有威力的军事器械。

墨子，名翟，相传原是宋国人，后长期住在鲁国，约出生于公元前468至前370年间，是墨家学派的创始人。墨翟曾习儒学，后另立新说，聚徒讲学，以兼爱、非攻、尚贤、尚同、天志、明鬼、节用、节葬、非乐、非命为"墨家之学"的中心思想，形成与儒家并称"显学"的学说。现存的《墨子》荟萃了他的思想观点和科学学说。

墨家学派的成员大多来自社会下层，是小手工业者、小私有生产者的代表，有较丰富的技术知识和钻研精神。墨翟自己也出身于劳动者家庭，当过制造车辆器具的工匠，是一位躬身实践并善于总结生产技术经验的人。他作过宋国的大夫。他广泛接触社会各阶层的人士，特别是和"农与工肆之人"有密切联系。

墨子"好学而博"，善于思考，有一手精湛的手艺技巧。他于顷刻之间就能将三寸之木削成一个能承重600斤的轴承。他还曾用木料制造过木鸢，能在空中翱翔一天。他制造的守城器械比同时代的鲁班还要高明。据《墨子》记载，当他得知楚国利用公输般制造的云梯等攻城器械即将攻打宋国时，便星夜兼程赶到楚都，劝说楚惠王放弃攻宋的打算，并在楚王面前以皮带围作城墙，用小木板作攻守器械，与公输般进行了攻

墨子

墨子是墨家学派的创始人，是中国历史上第一位农民出身的哲学家。他创立了以几何学、物理学、光学为突出成就的一整套科学理论，所以被后世尊称为"科圣"。

防演习。公输般使用不同的器械和方法攻城，墨子就用不同方法守城。如一个用云梯攻，一个就用火箭烧毁云梯；一个用撞车撞城门，一个就用滚石檑木砸撞车；一个挖地道，一个就用烟熏。待公输般九套攻城方法使尽，墨子的防御器械和策略还有余，并说明他已派禽滑釐等三百弟子用这些器械和方法在宋国作了防御部署。楚惠王知道打胜宋国没有希望，不得不放弃了攻宋的企图。

《庄子·人间世》载，宋元公（前531—前517在位）时，有位名叫匠石的著名木工，带领徒弟到齐国去。路过曲辕时见到一棵巨树，"其大蔽数千牛，絜之百围，其高临山，十仞而后有枝"，观者如市，匠石却不顾而行。他的徒弟说从未见过如此美材，先生为何行而不视。匠石回答说："勿言之矣，散木也。以为舟则沉，以为棺椁则速腐，以为器则速毁，以为门户则液㨾（流出树脂），以为柱则蠹，是不材之木也，无所可用，故能若是之寿。"《庄子·徐无鬼》又载，一位叫作郢人的高明的泥水匠，在粉刷房子时鼻端溅上一滴白灰浆，薄如蝇翼。他让匠石把白灰砍去。"匠石运斤成风，听而斫之，尽垩而鼻不伤，郢人立不失容"。这两则故事，说明匠石鉴别木材与运用工具的高超技艺，真是到了出神入化的地步。后人因以"斫鼻"比喻技巧高超。

## （三）纺织、染色、皮革加工技术

我国是世界上最早发明养蚕和丝织的国家。相传黄帝之妻嫘祖发明养蚕取丝，这反映了我国丝织业生产的悠久历史。到春秋战国时期，蚕桑丝绸业已有很大发展，缫丝、纺纱、织造和染整的成套工艺和手工机器逐步完善，这是我国手工机器纺织业的形成时期。

## 1. 丝织

《禹贡》记载，黄河中下游的兖州、青州、徐州、豫州和长江中下游的荆州、扬州，都盛产丝绸。近几十年来出土的春秋战国时期的丝织品，无花纹的有绡、纱、縠（绉纱）、缟、纨；有花纹的有绮和锦等。还出土了丝绵被、丝绳、丝带和刺绣等，充分反映了当时丝织业

丝绸

丝绸是中国的特产。丝绸开启了世界历史上第一次东西方大规模的商贸交流，史称丝绸之路。中国被称之为"丝国"。

发展的高水平。如縠是用强捻丝作经纬线，再使其退捻收缩弯曲，从而在织物表面显现出美丽的皱纹。说明丝工们已经发现了蚕丝的这种独特性能，利用一定的缫丝技术，巧妙地设计织造出这种富有弹性又轻盈透明的丝织物。1957年在长沙左家塘一座战国楚墓中出土的一块浅棕色绉纱手帕，经纬线密度为 38×30 根／平方厘米，其轻薄程度相当于现在的真丝乔其纱。

早在 4000 多年前，我国古人已经能够织出具有简单几何图案的斜纹织品，这说明我国早就发明和使用了提花机。

在古埃及和古希腊，主要以麻、毛为纺织原料，用竖式织机进行织造。

但用竖机织斜纹只能靠双手挑织，费工费时，非常复杂。因此西方把由丝绸之路运去的绚丽多彩的中国丝绸，看作是出自神人之手的织物。直到六七世纪，西方才辗转得到中国提花机的制造方法，开始织出较复杂的提花织物。18 世纪末 19 世纪初，法国人杰夸德（1752—

1834）才利用当时工业革命中发展起来的机械制造的技术条件，改革制造出了新的提花机（即现在各国通用的提花织机龙头机）。

织造丝绸的原料丝的来源有野蚕，也有家蚕。战国晚期的《尔雅·释虫》中记载，野蚕有樗（臭椿）蚕、棘蚕、栾蚕、蚢蚕四种；家蚕只有蚕一种，即今之桑蚕。《荀子·蚕赋》是一篇专论养蚕技术的科学诗。缫丝是织造丝绸的第一道工序。据《礼记·祭义》记载，当时是把蚕茧放入热水里进行缫丝的。蚕茧必须经过松解和抽引，并将所含的丝胶等杂物清除掉，才能得到柔软细长、有光泽的蚕丝，其方法就是把蚕茧放在沸水中煮烫脱胶，并用小木棍把散开的浮丝挑起合缕抽引出来。

练丝是对蚕丝的进一步处理和漂白，未练的丝叫生丝，已练的丝叫熟丝。《考工记》记载了完整的练丝技术。《㡛氏》载："㡛氏湅（练）丝，以涚水沤其丝七日，去地尺暴之。昼暴诸日，夜宿诸井，七日七夜，是谓水湅。"涚水即以木灰渗滤之水，说水中的碳酸钾溶液可以溶脱生丝上的丝胶；经过涚水沤过的丝再经日光中紫外线的作用和多次浸洗，就会使蚕丝更加柔软并能提高白洁度，更易染色。

织好的丝麻布帛也可以练。《㡛氏》载："湅帛，以栏（楝）为灰，渥淳其帛，实诸泽器，淫之以蜃，清其灰而盠之，而挥之，而沃之，而盠之，而涂之，而宿之，明日沃而盠之。昼暴诸日，夜宿诸井，七日七夜，是谓水湅。""蜃"指蜃灰，是烧成的蛤灰，即生石灰。这段话是说，将丝绸放在浓楝树叶灰水里浸透，再放在光滑的容器里用石灰水浸泡，待碳酸钙等沉淀后取出脱水，涂上石灰静置过夜。第二天再浇水脱水，最后再进行七日七夜的井水浸泡，即完成练帛程序。

德国斯图加特西北 20 公里高村，前些年在一个克尔特部落首领的墓中，发掘出死者衣物上来自中国的丝绣品，其年代约在公元前 550 年前后。这是中国的丝织品在公元前6世纪传到欧洲的确证[①]。古希腊人以"丝国"（seres）称呼遥远的丝绸的产地，尽管他们在很长时期内并不知道这个国家在哪里。1976年以来，先后在新疆乌鲁木齐市鱼儿沟和坤县发掘出的丝织品印痕和残片表明，在距今2300~3000年以前，中原地区的丝织品已传至西域。所以很可能在"丝绸之路"开辟以前，已经由中亚、波斯传到了西欧。

### 2. 麻、葛的纺织

葛藤和大麻、苎麻的纤维，是我国古代重要的纺织原料。利用麻类纤维纺织，在我国可以追溯到仰韶文化时代。

大麻也叫火麻，雌雄异株，雄的叫枲，雌的叫苴。枲麻的韧皮纤维比较柔细，可以织出精细的织品，是我国古代做衣服的重要原料；苴的纤维较粗硬，织品也较粗糙，主要用于制作绳索和丧服。春秋战国时期，丝绸一般只许贵族穿用；我国历来敬老，平民年过五十的也可穿丝绸。一般平民主要是穿麻葛织成的布，故称平民为"布衣"。

麻葛都属韧皮植物，它们的韧皮是由植物胶质和纤维组成的。要利用其纤维进行纺织，必须先作脱胶处理。《诗经》里有"葛之覃兮，施于中谷，维叶萋萋，是刈是濩，为絺为绤。"这不仅描写了葛的形态，而且说明把葛刈回之后要用煮（濩）的办法进

大麻

大麻是桑科大麻属植物，一年生直立草本，高1~3米。

---

① 参见仓孝和《自然科学史简编》，北京出版社1988年版，第257—259页。

行脱胶，然后把得到的粗细不同的葛纤维分别织成绪或绤。

对于大麻和苎麻，简单地用煮的办法进行脱胶就不行了。《诗经》说："东门之池，可以沤麻。彼美淑姬，可与晤歌。""东门之池，可以沤苎。"诗中描写了妇女们一边沤麻一边唱歌的生动情景。这诗说明，大麻是采用"水沤法"进行脱胶的，即把麻浸在池塘里沤三、五天至十多天，即可脱胶，这是利用池水中天然繁殖的微生物分泌的果胶酶分解麻皮中的胶质，使纤维分散而且柔软。

脱胶之后的纤维，要进行清洗、晒干、扒麻、分梳、纺织。葛麻纤维纺线，当时主要用纺坠。《诗经·小雅·斯干》有"乃生女子，载弄之瓦"。这个"瓦"即指陶质的纺坠。幼小的女孩，就让她玩纺坠，从小就训练纺麻的技巧。所以后世将生女叫作"弄瓦"。

对于麻织品的质量，当时已有统一的纱支标准。计算纱支的单位叫"升"。周代的麻布，布幅一般为二尺二寸（合现在一尺五寸），若含80根经线，就叫一"升"。专供丧服之用的为3升，奴隶们穿的是7升的粗布，15升的缌布是作吉服的材料，最细的30升的布专用于制冕。这种轻纱的经线密度已达每厘米50根，相当于今天的府绸了。

### 3. 毛织品和皮革加工

《诗经·豳风》称："无衣无褐，何以卒岁。"这是说平民如果没有粗毛布衣，就难以过冬。褐即指这种粗毛布的颜色，说明当时毛织品的穿用已很普及了。《尔雅·释畜》载当时养羊很普遍，有吴羊、夏羊、羳羊等不同的品种。粗毛织品主要是平民穿的，高级的细毛布是贵族穿用的。

关于兽皮的加工，我国古代很早就摸索出了一些制革技术。生兽皮未经熟化时皮板脆硬，不便制作衣服。原始的熟皮方法就是把大张牛羊皮在水中浸泡和用硝来熟化；而兔、狗、猫等小动物的皮板较薄，可用谷糠、玉米面和酒等物熟化。

春秋战国时期，皮革加工技术已有很大的提高。《考工记》中记载了对皮革质量进行鉴定的方法，并说明了要得到色泽"荼白"、质地柔滑、各部分缓急均匀、缝制工整的皮革的加工处理方法。

### 4. 染色技术

我国很早就利用矿物、植物染料对纺织物进行染色，并在长期的生产实践中，总结掌握了各类染料的制取和染色的工艺技术。《尚书·益稷》篇有"以五彩彰施于五色，作服"的记载，说明我国古人早就用五色给衣服染色了。西周时代，在"天官"下设有"染人"一职掌管染帛。春秋战国时期，染色工艺已有很大提高。

利用矿物染料对纺织品进行着色的方法称为"石染"。当时人们已发现了多种矿物染料。赭石即赤铁矿是最早用于染红色的染料，当时主要用于涂染作为囚衣的粗劣麻织物。朱砂（硫化汞）的颜色红赤纯正浓艳，色牢度好，是涂染贵重衣料的颜料。《考工记》中记述有用丹（朱砂）涂染羽毛。此外，染黄的有石黄（雄黄和雌黄，前者为硫化砷，后者为三硫化二砷，红光黄，色相丰满纯正，色牢度好）；染绿的有空青（又名石绿，即孔雀石，一种碱式碳酸铜，翡翠绿色，耐大气性好）；染蓝的有石青（又名大青、扁青，一种碱式碳酸铜，蓝色）。

用矿物染料染色的方法有浸染与画缋两种。浸染是将染料研磨成微细粉末，用水调和，把织物浸入其中，染料粉末即被纤维吸附而着色；画缋是将不溶于水的有色颜料和油、胶等有黏性的增稠剂调制成浆状，涂饰于织物上。如赭石和朱砂等都是用这种方法涂染的。可以只涂一种颜色，也可以涂绘成各色图案花纹。

我国古代所用的植物染料种类很多，靛蓝是利用最早和最普遍的一种还原氧化染料。据记载，我国夏代已经种植蓝草了。蓝草中含有靛

**蓝草**

蓝草喜欢生长在潮湿和阴凉之处，主产于河北安国、江苏南通，浙江、四川、云南、贵州、湖南等地。

甙，从中可以提取靛蓝素。周代以前，人们是用鲜蓝草浸渍染色，即用蓝草叶和织物在一起揉搓，用蓝草的液汁浸染织物。春秋战国时期，采用发酵法还原蓝靛，这就可以用预先制成的蓝泥染出青色来。《荀子·劝学》篇有"青取之于蓝而青于蓝"的说法。制作方法是把蓝草叶浸入水中发酵，蓝甙水解溶出，即成吲哚酚，再在空气中氧化沉淀缩合成靛蓝泥，即可贮之待用。靛蓝染布色泽浓艳，牢度好，一直流传至今。

茜草是染红色的主要染料。紫草是染紫色用的媒染性染料。染黄的植物染料更多。

植物染料和媒染剂的使用，大大丰富了颜色种类，在染色技术上是个重大突破。《诗经》中描绘当时织物的颜色就有"绿兮衣兮，绿衣黄里"（《邶风》），"缁衣之宜兮"（《郑风》），"青青子衿"（《郑风》），"缟衣綦巾"（《郑风》），"素衣朱襮"（《唐风》），"载玄载黄"（《豳风》）等，真可谓五彩缤纷。

在染色工艺上，当时有多次浸染的套色法，即把丝麻织物先后浸入溶有一种或多种不同颜色的染料中，从而染出不同深度的某种颜色，或染出其他各种变异色彩。如《尔雅》说："一染缥，再染竀，三染纁。"这是指用茜草染红的套染，得到由浅红到深红的颜色。《考工记·钟氏》称："三入为纁，五入为緅，七入为缁。"即指三次浸入红色染料得到深红色；再浸染黑色染料二次，得到带红光的"緅"（浅黑色）；然后再浸染二次即得到"缁"（深黑色）。

若用两种不同染料套染，就可得到第三种色调。但由于颜色的遮盖作用以及染料和媒染剂的化学作用，用不同染料进行套染要遵循一定的方法。《淮南子》载："染者先青而后黑则可，先黑而后青则不可。"另外人们也已知道，青与黄可合为绿色，但以藤黄合靛青则为"苦绿"，即用不同的青色与黄色染料，合成的绿色也不相同。这些知识，都是从染工们长期的生产实践中总结出来的。

## （四）玻璃和漆器的制造

### 1. 独特的玻璃体系

关于我国玻璃的起源，早年有"外来"的说法。因为早在公元前2500年，美索不达米亚和古埃及已经用沙和苏打制造玻璃串珠了。约在公元前200年，巴比伦人首先吹制出玻璃器皿，后传入古代罗马。罗马人和埃及人已能用铜、铁、钴等金属氧化物为添加剂熔制出各种彩色玻璃了。所以人们认为，我国古代的玻璃制造技术是从中近东和欧洲传入的。

20世纪30年代以来，随着商周以来大量玻璃实物的出土，为我国古代"玻璃自创"的说法提供了确凿的证据。

1954—1955年，在河南洛阳市中州路发掘的西周穆王816号墓时，出土了很多淡绿色圆球形穿孔玻璃珠，直径约0.5厘米，孔径0.3厘米，是作项链用的。1955—1957年在河南陕县上村岭西周晚期至春秋早期的五座虢国墓葬中，也发现蓝色玻璃串饰物件，有菱形玻璃珠44粒，小圆珠2粒，玻璃管4支。同一时期在陕西省沣西张家坡一座西周墓葬中出土了4粒浅绿色、有透孔的玻璃珠；在一处西周遗址中发现有透孔的粉紫色玻璃珠。1964年4月，洛阳市博物馆在城西庞家沟西周墓的垅土层中，找到一粒白色穿孔玻璃串珠。1975年在陕西宝鸡茹家庄西周强伯及其妻井姬和妾的墓中，出土了1000件以上玻璃管珠，数量之多十分惊人。特别是在井姬的贵重物品上，还镶嵌一块玻璃片，经化验为铅、钡玻璃，这是前所未见的。墓葬当在昭王、穆王之交，约为公元前10世纪。1976年在陕西扶风云塘村西周墓中发现一件由77颗四种不同形式的白色玻璃扁珠和绿色玻璃管珠串连成的项饰。另外，在陕西扶风上宋乡北吕村、陕西岐山贺家村，都出土有西周早期浅蓝色和浅绿色的玻璃管、珠。1979年6月，在山东曲阜鲁故城西周晚期墓出土三颗浅蓝色棱形玻璃珠。1978年在湖北随县曾侯乙墓出土大量玻璃珠。

《穆天子传》中说，西周穆王曾升于采石之山，于是采石"使重雍之民铸以成器"。重雍即仲雍，周文王时封于虞（今山西平陆北），成为虞仲。这与上述洛阳中州路816号墓以及宝鸡茹家庄强伯夫妇墓出土的玻璃制品在年代上是吻合的。考古发现的玻璃制品自西而东分布在宝鸡、岐山、扶风、泮西、陕县、洛阳一线，基本上也是沿河、渭两侧。平陆与陕县正是隔河相望，地域上也是吻合的。另外，西汉刘安的《淮南子·览冥训》等篇多次说到"随侯之珠"；东汉王充的《论衡·率性篇》也有"随侯以药作珠，精耀如真"之说，这也为随县曾（随）侯乙墓出土的玻璃珠所证实。

这些史实说明，我国从殷周之交到春秋战国时期，在黄河中下游和江汉地区都曾制造玻璃。特别是经中外研究机构科学检验，发现中国古代的玻璃属于铅钡玻璃，而西方的则是钠钙玻璃，更表明中国的玻璃是自己独创的，有自己的玻璃体系。含有铅、钡的玻璃能产生五彩缤纷的光泽，并且比重较大。西周时期一些玻璃有鲜艳的光泽，可能与铅、钡含量较高有关。

我国的玻璃发源于商代的青铜冶炼和青釉瓷器的烧制。青釉瓷器的釉可以说是玻璃的先声。郑州出土的一件商代青釉瓷器，其表面上有厚且透明的五块玻璃釉。玻璃的烧制很可能是受这一启示而发现的。玻璃没有固定的熔点，它由固体变为液体可以在800℃到1500℃的温度范围内进行。在青铜冶炼中温度可达1080℃，而在原始青瓷的烧制中温度可达1200℃，这就为玻璃的烧制创造了有利的条件。在烧制青瓷器时，熔融的玻璃釉滴落成珠，就启发人们去专门生产玻璃珠了。西方的玻璃制造也是先出现玻璃珠的。

西周的玻璃成型技术是以黄土或黄土加白灰裹着细铜丝作衬芯，蘸玻璃液制成珠和管的，再用冷切割法截出各种长度的玻璃管。至于玻璃片，则是用玻璃管割制而成的，即先用衬芯蘸玻璃液制成玻璃管，再用刃具在玻璃管上压出苦干条直槽，冷却前稍加压力就可分成若干条细长的玻璃片。所以这种玻璃片有一定的弧度，且内表面粗糙，外表面光滑。这种成型技术说明，西周时期玻璃的制造已经超出最原始的工艺水平了，所以我国的玻璃制造当在西周初期以前就已经出现了。

### 2. 漆器制造技术

我国的漆器制造有悠久的历史，大约产生于7000年前的河姆渡文化时期。漆液从漆树中自然分泌出来以后，经日晒形成黑色发亮的漆膜，这是很容易被观察到的。古人对这种自然现象加以利用，从漆树中收集更多的漆液，涂在各种用具上，就成了原始的漆器。漆树分泌的树汁主要成分是漆醇。夏、秋的清晨，砍破漆树的树干，就会收集到流出的树汁，这种树汁暴露在空气里不时搅拌，约经半天到一天装入桶内，就是生漆。生漆经日晒或低温烘烤，即成深色黏稠状的熟漆。生漆或熟漆加入熟桐油调制即成广漆。广漆的漆膜坚硬、光亮、耐水烫。如果在漆液中加入各种颜料或染料，就会形成彩色漆层，使漆器格外美观。

春秋时期，漆树和桐树的栽培受到重视。《诗经·国风》说："山有漆，隰有栗"，"椅桐梓漆，爰伐琴瑟"。《尚书·顾命》有"漆仍几"的话。战国初期，设有官营的漆林，由专门的官员管理。《史记·老庄列传》说："庄子者，蒙人也，名周，尝为漆园吏。"据说他所在的漆园就在今河南省中牟。当时人们已经认识到漆膜对器物有防腐保护作用，《考工记》称："漆也者，以为受霜露也。"

《墨子》在说到做事应有先后次序时比喻说，工匠先漆好器具再涂以红漆（生漆中掺入朱砂等颜料）是可以的，但先画上红漆再涂漆就不成了，这说明当时用漆已很普遍。近来在河南信阳、湖南长沙以及三门峡等地发现的春秋战国时期用漆装涂的几案家具、日常用具、鼓瑟乐器、兵器把柄、棺椁和镇墓兽等物，涂绘一般都很精美。这时的漆器多用木胎、皮胎和夹纻胎（用麻布）等胎型，也有在金属器物表面涂漆的。彩绘包括红、黄、蓝、白、黑五色和各种复合色；所用颜料大概是在桐油中掺入朱砂、雄黄、雌黄、红土、白土等矿物颜料和靛蓝等植物性染料配成的油彩。据《韩非子》记载，这一时期还出现了珍贵的工艺品特种漆画。

汉代以后，我国的漆器和髹漆技术就先后流传到东亚、东南亚、中亚和西亚各国。后经波斯人、阿拉伯人和中亚人再西传到欧洲一些国家。像瓷器一样，世界各国的漆器制造，也受惠于我国古人的发明创造。

四

天文学的
巨大发展

中国古代的天文学，在春秋战国时期初步确立了自己的独立体系。随着天文观测资料的积累，建立起了以二十八宿为代表的星象坐标体系；在对日、月、五星运动规律深入研究的基础上，确立了阴阳合历的制历规则；在对天体运行规律所进行的理性概括中，出现和形成了关于宇宙起源、结构和演化的一些理论学说，为我国后世宇宙论的发展提供了一个基础。

## （一）天文观测

### 1. 天文家

中国古代天文学，主要由两部分组成：一为"星占"，一为"历法"。这首先是为王权天授寻找依据，其次是为农业的发展服务。观察天象，确定季节，以利农业生产，对巩固政权也是有利的；谁能把历法授予人民，他便有可能取得天下。所以天文学就成为政教合一的、为帝王服务的神秘知识，历来受到统治者的重视。《尚书·尧典》记载："乃命羲和，钦若昊天，历象日月星辰，敬授人时。"这使中国古代天文学一开始就具有传统的官办性质。帝尧和殷商时代都设有专门的天文官员。西周时代，皇家天文家称为冯相氏，占星家称为保章氏，还设有执掌漏壶的挈壶氏。

春秋战国时期，周王室和各个诸侯国都设有自己的专职司星负责天文历法工作。司马迁在《史记·历书》中说："幽厉之后，周室微，陪臣执政，史不记时，君不告朔，故畴人子弟分散，或在诸夏，或在夷狄。"说明由于周王室衰微，天文测算工作也受到忽视，历算学者分散外流。而各个诸侯国出于各自的政治需要，却十分重视天文的观测与研究，都有自己的司掌天学的天文家。

在当时的天文学界，以甘德、石申、巫咸三大学派的影响最大。巫咸传说是殷商大臣，吴（今苏州一带）人。《巫咸星经》当为我国最早的星表，据说含三十三座共一百四十四星，不过原本已无存。后世存本所载肯定不是原来的《巫咸星经》，因为它所列齐、赵等十二国名都不是殷代的国名。入周以后，巫咸学派的天文学说即由殷之遗民所建的宋国的司星所继承和发展。子韦是巫咸学派的代表，《庄子·天运》中有"巫咸袑"一语，子韦名袑，所以可能就是指子韦。

齐国司星甘公，名德，有说为楚人，有说为鲁人。《史记·张耳陈余列传》载有："张耳败走，念诸侯无可归者……甘公曰，汉王之入关，五星聚东井，东井者秦分也，先至必霸。楚虽强，后必属汉，故耳走汉。"从甘德作星占指示张耳投奔汉王事，可知甘德生当战国末期，楚汉相争时仍有活动。张守节《正义》引梁阮孝绪《七录》云，甘德

"战国时作《天文星占》八卷"。

魏国司星石申，亦称石申夫。《正义》引《七录》云："石申，魏人，战国时作《天文》八卷也。"石申的书约在惠施为魏相时所作。后世将甘、石的著作合称《甘石星经》，原著早已遗失。但从《史记》《汉书》和唐瞿昙悉达所编《开元占经》等书的引文中，尚可了解其大概。

石申的《天文》在《开元占经》中引述最多，这部分内容被称为《石氏星经》。石申把全天的恒星分为二十八宿及中外官星座，并用"度数"给出了这些星的坐标位置，包括"去极度"（该星与北天极的角距离），二十八宿的"距星"（各宿中选定的作为测星标志的星）的"距度"（相邻二宿的距星的赤经差）和黄道内外度；还有中外官的"入宿度"（该星与其西邻一宿距星的赤经差）和黄道内外度；"度"以下的小数还用"太、半、少、强、弱"等表示。据《开元占经》所载，《石氏星经》共包含有二十八宿和中外官星 120 座，含星 121 颗。现存《开元占经》中的仅有 115 颗星。石申著有星经是无可置疑的，但《开元占经》中的《石氏星经》的内容，则是经过后汉时代修改的。据推算，石氏测定的恒星的位置是在战国中期的位置，石申的活动当在公元前 4 世纪。所以可以断言，《石氏星经》是世界上最古老的星表之一。

《晋书·天文志》载，西晋后武帝时，吴国太史令陈卓将石氏、甘氏、巫咸氏三家所著星经综合在一起，编写成一个包含 283 个星座、1645 颗恒星的星表，并绘成星图，成为中国古代的一个标准星图，使三氏星经的内容一同留存。在《开元占经》中，引有甘氏、石氏、巫咸氏三家的恒星表。

我国大约在商代以前，占星术就已经萌芽了。周末战国时代，由于战争纷起，天灾频繁，人们生活很不安定，联系到天上的异象，就认为是上天的示警，因而占星术从春秋以后，非常盛行。我国古代这些天文家在当时大都以星占家的面目出现。尽管星占学本身是荒谬的，但由于占星术需要不断去观测和研究天象，寻找异常天象，预测五星的运动方位和日、月食的发生，所以对于我国古代天文观测资料的积累以及天体运动规律的揭示，是有一定作用的。

至于中国古代天文研究的官方性质，虽然使天文学蒙上了为统治阶级服务的御用色彩，不但使天体运动的客观规律受到歪曲利用，而且使天文学知识被垄断掌握在少数人手里，这当然严重阻碍了中国天文学的发展。但这种官方性质也使中国古代天文事业的发展在人员、经费、设备和工作条件等方面，都得到了官方的扶持和保证。尽管自古以来改朝换代频繁，但天文观测研究工作始终未曾中断，文献资料也得到很好的整理和保存。这使中国的天文家们不断有新的发现和创造，不但独立地建立起了自己独特的天文学体系，也对世界天文学研究工作做出了不可磨灭的贡献。而春秋战国时期我国天文家们所获得的光辉成就，在中国古代天文学发展中，占有突出的地位。

### 2. 星象

春秋时期，人们为了观测研究各种天象以及日、月、五星在天空中的运行，对星空的现象（星象），即恒星的分布情况有了相当准确的划分。因为要想准确地表示出各种天象发生的方位，只有以恒星天空为背景，以恒星的位置作为标志。这样，"星官"的知识得到了丰富，并在此基础上，发展起了"三垣""四象""二十八宿"的星象坐标系统。

### （1）星官

"星官"也就是现代所说的"星座"或"星宿"。古人为了认识星辰和观测天象，把天上相近的恒星组合在一起，分别给以名称，即为星官。

最早，我国古人只注意东南西北四方最显著的星象；在有了关于北极、黄道、赤道的知识后，就对北极附近和黄道、赤道沿线的恒星作了划分，形成了各个星官。

中国星官的名称，大致来自两个方面。一是原始社会和奴隶社会流传下来的，这些名称大都与生产和生活有关，如营室、壁、箕、毕、井、斗等，它们分别表示房屋、墙壁、扬谷的簸箕、捕兔的小网、水井和盛酒的容器等；还有神话人物和传说故事，如牵牛和织女。《春秋左传》载鲁昭公元年子产讲的一个故事说："昔高辛氏有二子，伯曰阏伯，季曰实沈，居于旷林，不相能也，日寻干戈，以相征讨。后帝不臧，迁阏伯于商丘，主辰……迁实沈于大夏，主参。"说高辛氏的二子阏伯和实沈不和，天天打架，尧只好派阏伯到商丘去主管辰星，即心宿，亦称商星；派实沈到大夏去主管参星，彼此不相见。参星为当时冬季的初昏中星，商星为当时夏季的初昏中星，一在西，一在东。所以杜甫有诗句曰："人生不相见，动如参与商。"另一部分星官或恒星的名称则是把阶级等级制度的社会结构映射到星空的体现，使天上世界的名称反映地下人间社会的事物。如北极附近为"太一常居"的宫阙组织，中央为帝星（小熊座 β），在它周围有太子（小熊座 γ）、正妃（勾陈一，小熊座 α）等星；外面还有相当于帝车的北斗七星以及由表示上将、次将、贵相、司命、司中和司禄的六星组成的作为天府的文昌宫等，这就把人间的宫廷组织搬到了天上。之所以把星座称为星官，可能就是认为星座和人的官曹列位以及事物的贵贱一样，也有尊卑之别。

根据古文献统计，我国战国以前记载下来的星官，大约为38个，共200余颗恒星。到公元前2世纪司马迁的《史记·天官书》中，则系统地记载了全天92座星官500余颗恒星。

在我国古代，常用的星象是三垣、四象和二十八宿，由此发展形成了中国古代的星空区划体系。这三种划分方法出现的先后，现在尚有争论。不过从史实记载来看，应以四象为最早。三垣中天市垣的东藩、西藩用的都是战国时代的国名，所以三垣的设立当在战国时代或其以后，比二十八宿为晚。当然，星象划分的实际过程是很复杂的，增补修改不止一次，是逐渐得以完善的，所以很难做出孰先孰后的绝对判定。

（2）三垣

三垣即紫微垣、太微垣和天市垣，是环绕着北天极和靠近头顶天空区域的星象。三垣的每一垣都有东西两藩的诸星围成墙垣的样子，因而叫作三垣。三垣的划分不是一次完成的。作为星官，紫微垣和天市垣的名称在《开元占经》辑录的《石氏星经》中已经出现，所以这二垣大约创立于战国时代，太微垣的名字直到唐初的《玄象诗》中才见到。虽然直到隋丹元子的《步天歌》，三垣的划分才得以完备，但在巫咸、甘德、石申三家的星经中，已有属于三垣范围的星官，不过他们所列的星座、星数都不一样。据《清会典》所载，这三家所列情况如下表。

紫微垣是三垣的中垣，位居北天中央位置，故被称为中宫或紫宫、紫垣等。《春秋元命苞》曰："紫之为言此也，宫之为言中也，天神运动，阴阳开合，皆在此中。"

|  | 紫微垣 | | 太微垣 | | 天市垣 | |
|---|---|---|---|---|---|---|
|  | 星座 | 星数 | 星座 | 星数 | 星座 | 星数 |
| 巫咸 | 4 | 18 | 1 | 1 | 4 | 8 |
| 甘德 | 21 | 102 | 7 | 15 | 2 | 10 |
| 石申 | 13 | 64 | 6 | 42 | 8 | 41 |

紫微垣大体相当于现今所谓"恒见圈"[①]的拱极星区，包含现在所说的小熊、大熊、天龙、猎犬、牧夫、英仙、仙王、仙后、武仙、鹿豹等星座。

---

① "恒见圈"即以北极为中心，以某地纬度为半径在天球上所做的圆圈（赤纬圈）；圈内的星在该处看永远不落到地平线以下，故称为拱极星。

紫微垣是皇宫的意思，包含 37 个星座和两个附座（杠、辅），正星 163 颗，增星 181 颗。各星都以某一官名和其他名称命名。以北极为中枢，东西共有 15 颗星组成屏藩形状，似二弓相合，环抱成垣。东藩八星为左垣，西藩七星为右垣，二垣南端的左枢和右枢成关闭状，叫间阖门；垣内有北极、勾陈、天皇大帝、五帝内座、四辅、六甲、御女、天柱、大理等；其外有北斗、天理、文昌、天枪、玄戈、天棓、天厨、传舍、八谷、三师、三公等。

太微垣是三垣的上垣，在紫微垣下的东北方向，位于北斗星的南方。横跨辰、己、午三宫，约占 63° 的天区范围；包含 20 个星座，正星 78 颗，增星 100 颗。北起常陈，南至明堂，西自上台，东至上将，大体相当于室女、后发、狮子等星座的一部分。中枢为五帝座，成屏藩形状。太微为政府的意思，所以星名多用官名。如由东、西上丞相、次丞相、上将军、次将军和右执法（御史大夫）、左执法（廷尉）组成东、西二藩的左垣和右垣。左右执法为南垣二星，形成端门，其内有内屏；其他星座尚有三公、九卿、五诸侯、幸臣、太子、郎将、虎贲以及灵台、长垣、三台等。

天市垣为三垣的下垣，在紫微垣下的东南方向，横跨丑、寅、卯三宫，约占东南天空 57° 的范围，包含 19 个星座，正星 87 颗，增星 173 颗。北自七公，南至南海，西起巴蜀，东至吴越，大体相当于现今的蛇夫、巨蛇、武仙、天鹰等星座的一部分。以帝星为中枢，成屏藩形状。天市为"天子率诸侯幸都市"的意思，所以东西藩各十一星皆用战国时的国名命名。如东藩（左桓）从南起顺次为宋、南海、燕、东海、徐、吴越、齐、中山、九河、赵、魏；西藩（右垣）从南起顺次为韩、楚、梁、巴、蜀、秦、周、郑、晋、河间和河中。从这些名称可知，天市垣的制度必在战国时代或其后。其他星座名称尚有象征执政皇族的宗正、贵族的宗人；作为尺度的帛度以及量固体和液体的斛和斗；此外还有车肆（百货市场）、屠肆、列肆（宝玉市场）和市楼（市府）等。

《石氏星经》列天市垣东西藩有五十六星。和现今所说二十二或二十三星相差甚多，说明星座星名的变更是很复杂的。

（3）四象

**四象**
四大神兽中融入了五行和方位，东方青色为木，西方白色为金，南方赤色为火，北方黑色为水，中央黄色为土。

我国天上星象，还有四象（四兽、四维或四陆）之划分。所谓四象，是指四种动物，所以又称四兽。古人以北极为中央，把周围天区分为东、南、西、北四个区域，配以青、红、白、黑四种颜色，详察各个天区星象的分布形势，按其星象轮廓仿佛类似某种动物，即以此命名，于是就定出天文上的四象，并作为仰观星象的参照系。

古书上对四象的叙述不甚详细。《十三经注疏》说，四象是"前朱雀而后玄武，左青龙而右白虎"。《考工记》称："龙旗九旒以象大火也，鸟旗七旒以象鹑火也，熊旗六旒以象伐也，龟蛇四旒以象营室也"。这里"大火"指心宿，"鹑火"指七星，"伐"指参宿一，"营室"指室，为四方诸星。朱雀即凤凰，玄武即乌龟。所以四象分别为东方苍龙，南方朱雀，西方白虎，北方玄武（龟蛇）。

为什么要用这四种动物来命名四方星象呢？这大概与古人的动物分

类法有关①。古人按外表形态把动物分为鳞、羽、毛、甲、倮五类。在带鳞的动物中为首的是龙，《论衡·龙虚篇》称"龙为鳞虫之长"。羽指鸟类动物，以凤凰为首。《大戴礼记》曰："羽虫三百六十，凤凰为之长。"毛指有皮毛的兽类，按《大戴礼记》说"毛虫之精者为麟"，即麒麟。甲指带甲壳的动物，《韵会》云："龟，甲虫之长。"倮则指无鳞无羽无毛无甲的裸露的动物，以人为首。《礼记·礼运》曰："麟凤龟龙，谓之四灵。"看来，当初的四象，应指苍龙、朱雀、麒麟、龟蛇。后来之所以把麒麟改为白虎，可能与孔子写《春秋》到获麟为止，以此为周道不兴的象征有关。"麟为周亡天下之异。"（《礼记·礼运》孔疏引）所以后人就以"山兽之君"虎代替。但因麟为仁兽，所以还是让它升到最高地位，作为中央天象的表征。《礼记·礼运》孔疏引："龙东方也，虎西方也，凤南方也，龟北方也，麟中央也。"于是就形成了我国"四灵有麟，四象有虎"的传统说法。

四象的东西南北方位是如何确定的呢？这与四象产生的根源有关。古人创设四象是为了观测日月五星的运行以定四季；四象就是在四时的"仲中星"的基础上发展起来的。在《尚书·尧典》中就有关于四仲中星的说明："日中星鸟，以殷仲春；日永星火，以正仲夏；宵中星虚，以殷仲秋；日短星昴，以正仲冬。"这是说昼夜等长而初昏时"星鸟"正好出现在南方中天，就是春分了；若白日长而"火"于初昏时在南方中天，就是夏至；若黑夜白天等长而"虚"出现于初昏时的南方中天，则为秋分；若白日短而"昴"出现于初昏时的南方中天，就是冬至。这说明我国古人测四仲中星以定四时是由来已久的；而且由此产生了把周大恒星分为四群以分别表示春夏秋冬四季星象的思想。更有意思的是，

---

① 参见周桂钿《天地奥秘的探索历程》，中国社会科学出版社1988年版，第152—153页。

四、天文学的巨大发展

"鸟"的形象很早就被用来描绘春天初昏时南中天的星象了。比《尧典》更早的甲骨文中就出现了鸟星。在没有历法的原始社会里，人们把鸟的出现看作春天来临的信号，所以很自然地会把春天初昏时南中天的恒星群想象作一只大鸟的形象；而且很容易发现，春分前后初昏时当朱雀升到南方中天（上中天）时，苍龙的房宿正处于东方的地平线附近，白虎的昴宿正处于西方的地平线附近，而龟蛇的虚宿正处于地平线下与朱雀的七星相对的北方（下中天）。这就是定东、西、南、北四个方位的由来，它是以古代春分前后初昏时的星象为依据的。

至于四象的具体划分，《尚书通考》称："东方苍龙三十二星，占七十五度；北方玄武三十五星，占九十八度四分度之一；西方白虎五十一星，占八十度；南方朱雀六十四星，占百十二度。"共得四象星数一百八十二星（现今统计为一百六十一星），共 $365\frac{1}{4}$ 度，布满周天。具体星宿为：

东方，青色，苍龙（或青龙）。对应角、亢、氐、房、心、尾、箕七宿；约为现今室女、长蛇、半人马、牧夫、天秤、天蝎、豺狼、蛇夫等星座。

南方，红色，朱雀。对应井、鬼、柳、星、张、翼、轸七宿；约为现今双子、御夫、巨蟹、大犬、南船、狮子、长蛇等星座。

西方，白色，白虎。对应奎、娄、胃、昴、毕、觜、参七宿；约为现今仙后、白羊、英仙、金牛、波江、猎户、天兔等星座。

北方，黑色，玄武（龟蛇）。对应斗、牛、女、虚、危、室、壁七宿；约为现今人马、摩羯、天鹰、宝瓶、飞马、天鹅、仙女、双鱼、鲸鱼等星座。

关于四象与二十八宿产生的时间与先后问题，一直存在着争论。虽然古籍中有关四象的记载比二十八宿晚得多，在《淮南子》《史记》等汉代著作中才有具体记载，但陈遵妫先生认为，先有四象，后有二十八宿。因为二十八宿中的角、心、尾宿就是东方苍龙的龙角、龙心、龙尾的意思；这说明古人是先设四象，而后才在四象的基础上细化二十八宿的①。

1978 年在湖北随县擂鼓墩发掘的战国早期曾侯乙墓中，发现一个漆箱盖，上面画着象征天象的图案。箱盖中央是一个很大的篆文粗体"聿"（斗）字，斗字周围是古代的二十八宿名称，它们依中间斗字的形状围成一个中间大、两头小的椭圆形。盖面两端绘有两个动物形象，头尾方向正好相反，东方是青龙，西方是麟。从它们与二十八宿名称的对应关系来看，它们所处的位置正好与四象中青龙、白虎的星宿范围基本相符。虽然盖面上只画了青龙与麟，但可以理解这是因为箱面绘画是装饰性的，加之盖面形状大小的限制，可以有所选择，不必反映出星象的全部情况。但将二十八宿与四象绘在一起，正说明了它们之间的密切关系。

有些学者认为盖面上西方画的是白虎，但从这个动物图像的头上很明显有只大角来看，它应该是麟。因为虎无角，而麟在传说中却是有一只角的。《春秋感精符》称"麟一角"；《尔雅·释兽》说麟"麛身，牛尾，一角"。这说明在战国早期，西方兽象为麟，汉代以后才改为白虎。②

据考证，随县曾侯乙墓的墓葬年代，是在公元前 433 年或稍后，因此这件天文文物的发现，把我国二十八宿体系全部名称出现的年代提前到公元前 5 世纪的战国早期；四象的划分至迟也在战国初期，都早于甘

---

① 陈遵妫：《中国天文学史》第二册，上海人民出版社 1982 年版，第 330 页。
② 周桂钿：《天地奥秘的探索历程》，第 154 页。

德、石申活动的年代。由于曾国在战国初期只是一个小国，箱盖面绘画又是一种装饰性的东西，更加说明四象、二十八宿的知识在当时已是相当普及的了。所以有理由推断，它们的形成当比战国早期要早得多。

从以上说明可知，我国四象中所说的苍龙、玄武、白虎、朱雀，即龙、龟、虎、凤四禽。在印度佛典中，也以龙、龟、狮（虎）、孔雀为四禽。陈遵妫先生认为这"实际脱胎于我国的四象"。高丽古坟中发掘的"四神镜"也用龙、龟、虎、凤；古坟石室壁画用龙、蛇、虎、凤。日本古坟中发掘的"四神镜"也用四禽来装饰，充分说明我国古代四象在世界各国的流传与影响。

（4）二十八宿

古人为了观测日月五星的运行，必须在天上确定一些相对静止的背景标志，不然就无法描绘和度量日月五星的运动。天上相对静止的标志只有恒星，但一颗恒星无法确定，于是就将几颗星联系起来组成一个图形，定出一个名称，成为一个参照星区，就叫作一个"宿"或"舍"，意为日月五星行经停留的驿站。《史记·律书》云："舍者，日月所舍。"我国古代对天象的观测以及历法的制定等，都是以二十八宿为基础。所以，二十八宿在我国古代天文学的发展中占有很重要的位置。

按照日月视运动的方向，自西向东排列，这二十八宿顺序为：

东方七宿（苍龙）：角、亢、氐、房、心、尾、箕；

北方七宿（玄武）：斗、牛（牵牛）、女（须女或婺女）、虚、危、室（营室）、壁；

西方七宿（白虎）：奎、娄、胃、昴、毕、觜、参；

南方七宿（朱雀）：井（东井）、鬼（舆鬼）、柳、星（七星）、张、翼、轸。

二十八宿是把沿天球赤道和黄道附近的星象划分为 28 个不同的星

区部分，每个部分就是一宿；至于这些名称的意义，可能与四象、三垣以及当时的社会生活有关。

二十八宿的体系，是在春秋战国时期完善起来的。其中部分星宿的名称，在春秋时期的《诗经》《夏小正》等书中已有记载。《周礼》的《春官》《秋官》两篇中都有"二十有八星"之说。不过，直到《吕氏春秋·有始》中，才最早给出了自角至轸的二十八宿全部名称。据《开元占经》所引甘、石、巫咸三家记述，对二十八宿的天区已作了划分，并指明了各个星宿的距星（标志星）、星数和相邻星座间的距离（即相邻二宿的距星之间的赤经差）。特别是《石氏星经》，给出了二十八宿的距星的赤道坐标、位置和黄道内外度，并附有石申之前 25 个"古度"数据。1978 年湖北随县曾侯乙墓出土的漆箱盖上写出了二十八宿的全部名称，这是迄今所发现的我国二十八宿全部名称的最早记录；它把我国二十八宿的可靠记载提前到了战国初期（前 433）。可以断言，二十八宿的创设当在战国以前。

关于建立二十八宿的最初目的，目前尚有不同意见。我国学者竺可桢、钱宝琮、夏鼐等主张是为观测月亮的运动而设。《吕氏春秋·圜道》称："月躔二十八宿，轸与角属，圜道也。月行于天，约二十七日又三分之一天而一周，约日旅一星，经二十七日余而复抵原星，故取二十八为宿舍之数，以记月亮所在位置。"这个说法有一定道理。但由于二十八宿的划分有大有小，它们的范围即星度相差十分悬殊，月亮并非每天正好到达一宿，"月躔"说很难令人信服。日本学者新城新藏和我国学者陈遵妫认为，二十八宿是古人由间接参酌月亮在天空的位置来推定太阳的位置而设的[1]。因为星象在四季出没的早晚是不同的，反映了

---

[1] 陈遵妫：《中国天文学史》第二册，第 306 页。

太阳在天空的运动。于是就可以通过测定月亮的位置以推断太阳在星宿中的位置，从而确定一年的季节。这个方法和从观测昏旦星象以定太阳的位置来确定季节的方法不同。所以新城新藏说这是中国"上古天文学一大进步"。

关于二十八宿的起源，近百年来争论十分激烈，因为中国、印度、阿拉伯和巴比伦都有二十八宿。它们虽略有不同，但可以肯定是同出一源的；不过在起源于哪一国的问题上，各国学者的分歧是尖锐的。最初主张起源于印度和巴比伦的人很多，近年来多数人则主张起源于中国。因为阿拉伯使用二十八宿的年代不会早于我国的西汉；埃及也在公元后才使用二十八宿；巴比伦虽然是西洋天文学的发源地，但至今尚未发现古代巴比伦有二十八宿的遗迹。所以只有中国与印度孰先孰后的问题了。

我国学者郭沫若、竺可桢、夏鼐等人都认为二十八宿是由我国传入印度的。日本的新城新藏在《二十八宿起源说》一文中甚至肯定说："二十八宿是在中国周初或更早时代所设定，而在春秋中期以后自中国传出，经由中亚细亚传于印度，更传入波斯、阿拉伯等地方。"印度的二十八宿是等分黄道度数的，每一宿都为 13° 20′，共 360°；中国的二十八宿的距度则是宽窄不等的，相差十分悬殊。在印度的二十八宿各宿的主星（联络星）中，采用了很多亮星，一等星以上的达 10 颗之多，四等星以下的只有 3 颗；而我国二十八宿中的距星大多数是暗星，只有 1 颗一等星（角宿一），四等星以下的有 8 颗。中国二十八宿从角宿算起，印度则从昴宿（"剃刀"）算起。另外，中国制定二十八宿本来是为了定日月位置来确定春夏秋冬四季的，但印度古代年分冬、春、夏、雨、秋、露六季，现今印度还是分为寒、暑、雨三季而不用四季，当然也就没有用四象配合二十八宿的必要了。日本的新城新藏还说，二十八宿的发源地当有牛郎织女的传说故事，而这个故事在我国的《荆楚岁时记》中就有记载了。在前面提到的随县曾侯乙墓的漆箱盖面上，巨大的"斗"字写于中央，二十八宿名称环列于"斗"字周围，这也正反映出我国古代天文学的一个重要的传统特点，即二十八宿是与北斗星等拱极星联结在一起的。这也是二十八宿源于中国的一个有力证据。所以，我国的二十八宿体系具有鲜明的中国特点，完全是我国古代的独特创造。

关于二十八宿是沿黄道还是沿赤道划分的问题，历史上长期存在着很大的争论。一派认为二十八宿是沿黄道划分的，因为日月五星在天球上的视运动都沿黄道附近，新城新藏就认为二十八宿是黄道附近天空的标准点。我国学者竺可桢、夏鼐和陈遵妫则主张二十八宿是沿赤道划分的。英国学者李约瑟也认为二十八宿是一种完善的赤道分区体系。因为我国古代天文学是很重视观测的，汉代以前就建立了明确的赤道坐标体系，这是我国古代天文学的一大突出优点。根据岁差的计算表明，在距今3500年前，冬至在虚，夏至在星（七星），春分在昴，秋分在房，天球赤道正好与二十八宿中大部分星宿的位置相符合，即二十八宿大部分处于赤道附近。从二十八宿实际星象的选取来看，近于黄道的天市、太微、轩辕等都未被选用，却选用了黄道以北的虚、危、室、壁和远在黄道以南的柳、星、张、翼。到后汉时代，我国的黄道坐标概念才得以形成。当然，二十八宿的划分不是一次完成的，在其演变过程中会有多次调整的。

（5）十二次和分野

中国古代划分天区的方法，除三垣、四象、二十八宿之外，还有十二次。十二次是以太阳每月在恒星间所处的方位与北极相连接，把周天分为十二等分，即十二次。由于太阳一年运行一周天，每个月在天空正好行走一个次。我国古代又认为岁星（木星）是十二年运行一周天，因而十二次又用以表示岁星每年所处的位次。

十二次的名称依次是

| 星纪 | 玄枵 | 诹訾 | 降娄 | 大梁 | 实沈 |
| 鹑首 | 鹑火 | 鹑尾 | 寿星 | 大火 | 析木 |

这些名称大都与星象有关。星纪的中央在牵牛宿的初位，相当于冬至点。玄枵相当于二十八宿的虚宿和危宿，虚宿的星象本有废墟之状，即空虚的意思，故称玄枵。诹訾亦称豕韦，与分野的分配有关。降娄的中央中娄4°，相当于春分点，和奎娄同音，本是星名。大梁和实沈的名称来自分野的分配。鹑首、鹑火、鹑尾是由于与朱鸟类似的星象而得名；鹑首的中央中井31°为夏至点。寿星相当于二十八宿的角、亢二宿，其中央中角10°为秋分点。大火即心宿二（天蝎座α），本为星名。析木的意义不明。

陈遵妫先生认为，十二次的制定既然与确定岁星十二年周天运行有关，它的创立当在熟知五星运行的时代，即在战国中期。考虑到十二次和分野是同时代制定的，因而十二次大约是在公元前400年前后制定的。由于二十八宿的划分是不规则的，十二次则是等分度的，所以十二次的创制应在二十八宿之后。

二十八宿的制定主要是历数家用来表示日月的位置的，十二次的制定固然也可用于观测日月的位置，但主要是占星家用来表示五星的位置的。中国古代的占星术认为，天上某一部分星宿与地上某一区域相应；该部分星宿中发生的某种星象变异，会使与它相应的地上区域发生某种事件或灾祸。这种把天上的星宿与地上的区域相互对应的分配法，就是所谓"分野"的概念。

至于天象与地面的具体对应关系，各种史籍不尽相同。分野说以星象占卜相应地区的吉凶，当然是一种伪科学。但这种占星术很能引起当时人们对星象观测的重视，从而促进了天文学精密化和定量化的进程。

实际上，正如前面所说，春秋战国时代著名的天文家，都擅长这种占卜，所以被人们称为星占家。因此，在我国古代天文学的发展中，对分野说的作用要作具体的历史分析。

### 3. 五行星运动

（1）五星运行周期

我国古人很早就注意到水、金、火、木、土这五颗行星了，它们在天空中移动的路线总在黄道附近，而且很明亮。但在早期的典籍中，提到五星的不多。《尚书·尧典》中说："在璇玑玉衡，以齐七政。""七政"即指日、月、五星共七个天体。《诗经·小雅·大东》中说到"东有启明，西有长庚"；《诗经·郑风·女曰鸡鸣》中有"明星有烂"，都是指金星。

到了甘德、石申的时代，对五星运行现象已有了初步的描述。1974年初，在长沙马王堆三号汉墓（葬于前168）出土的帛书中，用6000多字的巨幅，记述了关于五行星的运动。这部帛书被称为《五星占》，它保留了甘、石二氏天文书的一部分内容，并在最后三章中列出了从公元前246年秦王政元年到公元前177年汉文帝三年共70年间木星、土星、金星的位置和五大行星的会合情况。《五星占》充分反映了我国战国时期到秦汉初期关于五星运行的研究成果。

我国古代关于五大行星有另一组专有名称，分别称为岁星、荧惑、填星（镇星）、太白和辰星。五星又称五纬。《谷梁传序疏》称："五星者即东方岁星，南方荧惑，西方太白，北方辰星，中央镇星是也。"《汉书·律历志》称："水合于辰星，火合于荧惑，金合于太白，木合于岁星，土合于填星。"所以在五行说盛行之后，才用木、火、土、金、水这五行属性与五星搭配，以岁星为木之精，荧惑为火之精，填星为土之精，太白为金之精，辰星为水之精。帛书中也称："东方木，其神上为岁星，岁处一国，是司岁"；"西方金，其神上为太白，是司日行"；"南方火，其神上为荧惑"；"中央土，其神上为填星，宾镇州星"；"北方水，其神上为辰星，主正四时"。这是后来形成现在的五星名称的由来。

五星中最先被清楚认识的是木星。这可能与它在一年中被人们看到的时间很长而且比较明亮有关。大约在公元前 20 世纪以前，古人就知道木星是颗行星了，并知道它 12 年绕天一周。周初时期已用推算岁星的位置来占卜吉凶了。由于岁星大体上 12 年绕天一周，按 12 次的星象之分，它每一年在一次，所以被用来纪岁。杨泉《物理论》说它"岁行一次，谓之岁星"。不过到公元前 400 年前后，大约已知它绕行一周天不是整 12 年了。到了汉代的《太初历》中，就以 11.92 年作为岁星的周期。《后汉书》又以 11.87 年为其周期，与现代精确值 11.86 年已极接近了。岁星又名摄提、重华、应星、纪星。《史记·天官书》云："义失者，罚出岁星。"

古人称火星为荧惑。它有火红的颜色，荧荧似火而且光亮常有变化，运行轨迹也进退不定，错综复杂，令人迷惑，故名"荧惑"。《淮南子·天文训》说荧惑司刑罚："荧惑……行列宿，司无道之国，为乱，为贼，为疾，为丧，为饥，为兵。出入无常，辩变其色，时见时匿。"《史记·天官书》也云："礼失，罚出荧惑。"据《开元占经》所引可知，甘德、石申已测定火星的恒星周期为 1.9 年（现代值为 1.88 年）。

古人测知土星 28 年绕全天一周，一年走二十八宿的一宿，好像巡行镇压二十八宿一样，故称镇星，又叫填星。《五星占》载土星在恒星天球上运行的周期为 30 年，比现代的值 29.46 年只差 0.54 年。《淮南子》和《史记》为了符合土星一年镇一宿，所以说它 28 年行一周天。

金星古称太白，也叫启明、长庚。它光色银白，耀眼夺目，是全天最亮的星，所以很早就记载于古籍中了。《诗经》中说的"东有启明，西有长庚"，就是把晨前现于东方的金星称为启明，把夕暮现于西方的金星称为长庚。金星在恒星天球上运行的周期为 224.7 天，战国时期尚未记载它的周期，直到汉代《太初历》中才说它的周期为一年。

水星离太阳最近，不超过一辰（30°），并附随于太阳左右巡行十二辰，故被称为辰星。水星在恒星天球运行一周的时间为 88 天，《太初历》说是一年，这可能是因为它紧随太阳一起运行之故。在没有"日心说"思想的古代，对于金星、水星这些极靠近太阳的内行星的运行周期，是很容易和太阳的视运动周期混为一谈的。

（2）五星运行的会合周期

古人观测五星是与占星术密切相关的，即以五星的运行占卜吉凶。《五星占》中有："大白与荧惑遇，金、火也，命曰乐（铄），不可用兵。荧惑与辰星遇，水、火 [ 也，命曰烨，不可用兵 ]，举事大败。"就是说象征金神与火神的二星相遇为"铄"，火神与水神的二星相遇为"烨"，都不可用兵，用兵则败。五星的所在位置以及它们的合离变化，都预示着吉凶祸福，所以古人对五星的行度和会合十分重视。在《甘石星经》和《五星占》中，都有五星会合周期的观测结果。

现在知道，五大行星和地球都在围绕太阳运动。对于水星和金星这些内行星来说，它们仿佛总在太阳两边摆动。当它们离地球最远，正好和地球分处于太阳两边，三者成一条直线方向时，就叫作上合；当它们离地球最近，正好走到太阳与地球中间而成一直线方向时，叫作下合。无论上合或下合，行星都会被太阳强烈的光芒所掩没，这时的行星是无法看到的。对于火星、木星、土星这些外行星来说，走到离地球最远时，正好和地球分处太阳两边，从地球上来看它们正好与太阳在同一直线方向，这叫合；当它们离地球最近、亮度最大、地球正处在太阳与外行星之间时，叫作冲。

内行星从上合到下一次上合，或从下合到下一次下合；外行星从合到下一次合或从冲到下一次冲的时间，就叫作行星的一个会合周期。

甘、石测得水星的会合周期为 126 日，《太初历》给出为 115.91 日，现今测定值为 115.88 日。由《开元占经》的引文还知，甘、石测定的金星的会合周期为 620 日和 732 日，而帛书《五星占》记为 584.4 日，与现今测定值 583.92 日极为相近。帛书中还提到了金星的五个会合周期恰好等于八年。《五星占》根据这一结果列出了金星 70 年的动态表，这是一个了不起的成就。关于木星的会合周期，《开元占经》引甘氏数值为 400 天，帛书记为 395.44 日，《太初历》则记为 398.71 日。《汉书·律历志》记为 399 日，这与现代值 398.88 日很接近。

火星的会合周期约为 780 日，这个"晨始见"之间的日期在《汉书·律历志》中已有记载。

土星的会合周期，帛书记载为 377 日，比《淮南子》和《史记》都准确，现今测定值为 378.09 日。

（3）行星的顺行和逆行

五星的真实运动，都是和地球一样自西向东绕太阳公转的，它们的运行轨道都是以太阳为一焦点的椭圆轨道，而不是环绕地球运转。我们从地球上观察五大行星在星座间的巡天运动，实际上是它们在恒星天球上投影的变化，称为视运动。行星的视运动，不仅有自西向东的移动，叫作顺行，而且还有自东向西的移行，叫作逆行。在从顺行改为逆行或者由逆行改为顺行的时候，看起来它们在这段时间好像停留不动，这叫作留或守。

在春秋战国时期，我国天文学家已经观测到这种逆行现象。《史记·天官书》说："甘、石历五星法，唯独荧惑有返逆行。"《汉书·天文志》说："古历五星之推，无逆行者，至甘氏石氏《经》，以荧惑、太白为有逆行。"《隋书·天文志》则说："古历五星并顺行，秦历始有金、火之逆。又甘、石并时，自有差异。汉初测候，乃知五星皆有逆行。"这些说法虽不完全相同，但看来都说到甘、石已发现行星的逆行，而且知道外行星（火星）和内行星（金星）都有逆行，这还是可信的。《开元占经》引，"甘氏曰：去而复还为勾，再勾为巳"，"石氏曰：东西为勾，南北为巳"。甘氏将顺行转逆行称为勾，将逆行再转顺行称为巳；石氏将东西向的拐弯称为勾，将南北向的拐弯称为巳。他们所用的术语意义虽不尽同，但都用了"勾""巳"，而且用"巳"字描绘行星逆行弧线的形状，是很形象的。

帛书《五星占》第二章中有"其逆留，留所不利"，第三章中有"其出东方，反行一舍"等说法。第九章最末一段，还把金星在一个会合周期内的动态分为"晨出东方—顺行—伏—夕出西方—顺行—伏—晨出东方"这样几个阶段，而且说明第一次顺行是先缓后急，第二次顺行呈先急、益徐、有益徐等不同的运动状态。这说明当时对一个内行星的顺行、逆行、留和疾徐变化等情况已有了全面细致的观测，其结论基本是符合事实的。

行星的顺行、逆行和留的现象，虽然十分复杂，当时也难以解释其原因，但我国古代由于积累了十分丰富的观测资料，因而有利于对行星的未来运动和位置做出基本准确的预告，这也是我国古代天文观测上的一个重要成就。

### 4. 异常天象的观察

我国古代十分重视日月食一类异常天象的发生，特别是因为统治者把日月食的发生看作是"上天示警"的征兆。所以我国也就有了世界上最早而且最完整的日食记载。

中国最早的日食记载（也是世界上最早的日食纪事）见于《尚书·胤征》："惟仲康肇位四海，胤侯命掌六师，羲和废厥职，酒荒于

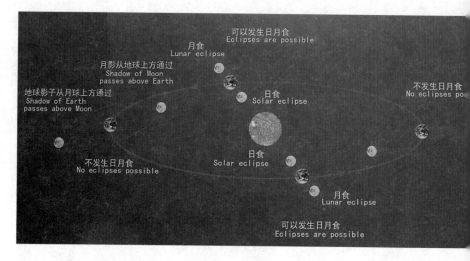

**日月食**

日月食是一种奇特的天文现象。人们特别关注这种自然现象，在我国有"天狗吃月亮"的说法。

厥邑。胤侯承王命徂征，告于众曰：……惟时羲和，颠覆厥德，沉乱于酒，畔官离次，俶扰天纪，遐弃厥司。乃季秋月朔，辰弗集于房，瞽奏鼓，啬夫驰，庶人走。羲和尸厥官，罔闻知，昏迷于天象，以干先王之诛。"当时尚无"日食"的说法，"辰弗集于房"一语按《通鉴纲目》云："辰日月所会；房，所舍之次；集，会也；会，合也。不合则日食可知。"所以，这里说的是一次日食。据考证，这次日食大概发生在夏代仲康年代，约公元前 2137 年前后。当时的天文官羲和由于酗酒未能准确预报这次日食而被杀头。这似乎说明《书经》成书时代（公元前 8—前 5 世纪），即春秋时代，已经能够预报日食了。所以春秋以后的日食记载应当是较准确的。

春秋以后的 242 年中，有史可考的日食记载就有 37 次，可以说是我国古代最完整的日食记载。在《春秋》三传中，《公羊传》记载日食 36 次，《谷梁传范雎》记载 37 次，《左传》记载 37 次；其中未写干支的 3 次，干支不符的 2 次。经考证，共有 33 次是可靠的。春秋以后的日食纪事，都有史可考，基本上都是正确的。其中战国时期的共有 14 次。这些日食记载的数量之多和准确程度，在当时世界各国中是无与伦比的。

关于日食的成因，史载石申已经知道日食与月亮有关，日食必发生在朔或晦。现在我们知道，日食是由于月球进入太阳和地球之间遮蔽了太阳光所致，所以它必然发生在朔时。

《左传》记载："鲁庄公七年，夏四月辛卯，夜恒星不见，夜中星陨如雨。"这是公元前 687 年 3 月 16 日所发生的流星雨现象，也是世界上关于天琴座流星雨的最早记载。据考证，世界上第二次天琴座流星雨（汉成帝永始二年，即公元前 15 年）的记载，也是中国作出的。据不完全统计，我国史书上关于流星雨的记载，至少有 180 多次，这是关于流星雨研究的极有价值的资料。

关于流星坠地为陨石的事迹，春秋战国时期也有记载。《春秋》记载鲁僖公十六年"陨石于宋五"，《左传》明确指出为"陨星也"，说明已认识到陨石是天上的星陨落而来的。《史记·天官书》更准确地说："星坠至地，则石也。"

春秋战国时期，还有不少关于一些明亮彗星的记载。《春秋·文公十四年》记载："秋七月，有星孛入于北斗。"这是公元前 613 年的事。《晋志》称："孛亦彗属，偏指曰彗，芒气四出曰孛。"据考证，这是世界上关于哈雷彗星的最早记载。《史记·六国年表》记载有秦厉共公十年（即周贞定王二年）冬，"客星见七十五日"。这可能是公元前 467 年哈雷彗星再现。哈雷彗星绕太阳运行的平均周期约为 76 年，从秦始皇七年（前 240）起，到清宣统二年（1910），哈雷彗星共出现 29 次，我国每次都有详细记载。西方关于哈雷彗星的最早记载是公元 66 年。

我国历史上关于各种彗星的记载共约 500 余次，其中春秋战国时期约 15 次，如鲁昭公十七年（前 525）"六月甲戌，有星孛于大辰西及汉"，指出彗尾向西延伸达到银河。我国古人虽把彗孛视为灾异之兆，用于占验，但观测之勤，记载之详，为现代关于彗星轨道和周期的研究，提供了一份极为宝贵的历史资料。

到战国时代，我国对于彗星的观测已经有了比较丰富的经验，积累了关于彗星形态的不少知识。长沙马王堆三号汉墓帛书中，就绘有 29 幅彗星图。据考证，这些图形大概是楚人汇集的观测结果。这是迄今世界上所发现的关于彗星形态的最早文献。从图上可以看出，当时人们已经注意到彗星有多种形态，彗尾有宽有窄，有长有短，有弯有直，条数有多有少；而彗星的头部，有圆圈、圆点，还有在圆圈中套有小圆的。这看来不是随意画出的，因为现代将彗头分为 N、C、E 三类，帛书中所画圆形头部中还有一小圆的，可归于 E 类彗星；只有一个圆形彗头的，属于 C 类；画为一个大黑点的，当为 N 类彗头。这充分说明了当时我国的天文家们对彗星观察的精细程度，他们已注意到了彗头还可分为彗核和彗发两部分。帛书中的这些图下，都有名称和占卜文字。在 29 幅彗图中，有名称的 18 种，其中一半都是在其他古籍中未见到过的。所以，帛书彗星图是十分珍贵的历史资料。

## （二）历法

春秋战国时期，在历法的制定上，我国取得了以《四分历》为代表的阴阳合历的重大进步。

中国古代典籍中提出"钦若昊天，敬授民时"，说明当时观测天象的重要目的，是根据自然变化确定一年的季节，编制历法，以指导农事活动，安排日常生活。所谓历法，就是根据天象变化规律，连续计数时日，判断气候变化，预知季节更替的法则。历法的内容包括回归年长度的确定，每月日数的分配，大、小月的安排，节气的排布，调和节气的闰月的插置等。我国古代的历法还包含有更丰富的内容，如五星运行与日、月食的推算等。

### 1. 四分历

春秋后期，产生了一种取回归年长度为 $365\frac{1}{4}$ 日，采用十九年七闰为闰周的历法"四分历"。在欧洲，罗马人从公元前43年采用的儒略历所确定的回归年长度与此相同，但要比我国晚500年。而十九年七闰的方法，古希腊的默顿也是在公元前433年才发现的，也比我国晚100年左右。这说明，我国的四分历在当时的世界上是十分先进的，也标志着我国的历法制定已走上成熟。

作为阴阳历基础的天文常数，是回归年和朔望月的长度，所以，制定历法的第一步，即岁实（回归年）和策朔（朔望月）。

年是以地球绕太阳公转运动周期为基础的时间单位。由于古人认为地球是静止的，所以就以太阳在天球上视运动的一个周期为一年。所谓回归年，就是太阳在天球上连续两次通过春分点或冬至点的时间间隔。我国古代天文家把冬至作为一年的起算点，因此，只要准确地连续测定两个冬至点的时间，就可以定出回归年的长度。春秋时期把冬至叫作"日南至"，因为冬至那天日中太阳的高度最低，被认为是太阳处在最南端的位置，所以叫作"日南至"。据《左传》记载，我国最早的冬至时刻的测定，是在春秋时代鲁僖公五年（前655）正月辛亥和鲁昭公二十年（前522）二月己丑两次，这是用圭表测定的。

据被认为是在战国后期或秦朝初年成书的《周髀算经》记载，我国从西周时代，就开始使用一种最简单的观测工具——周髀。《周髀算经》

**《周髀算经》**

《周髀算经》是算经的十书之一，其在数学史上的主要成就就是介绍了勾股定理，采用了最简便可行的方法确定天文历法，是中国最古老的天文学和数学著作。

卷上之二载："周髀长八尺，夏至之日晷一尺六寸。髀者股也；正晷者勾也。"《周髀算经》赵注："伸圆之周而为勾，展方之匝而为股。"又据《晋书》："表，竿也。盖天之术曰周髀。髀，股也。用勾股重差，推晷影极游，以为远近之数，皆得于表股者也。"这说明，周髀即圭表，直立于平地上的标杆（或石柱）为股或表，正南北方向平放于地上的尺为勾或圭，两者互相垂直而组成圭表。从《考工记》可知，战国以前人们已知道使用铅垂线来校正表的垂直，用水平面来校正圭的水平。每天正午时刻，日影恰在正北的方向（太阳在正南中天）；但每天正午时刻日影的长度并不一样，夏至时太阳在北回归线，午时的日影最短（当时记为一尺六寸），冬至时，太阳在南回归线，午时的日影最长（当时记为一丈三尺五寸）。这样，根据正午时表影的长度，就可以推定节气，从正午时表影长度的周期性变化，就可以确定出一个回归年的日数。具体地说，周髀就是以八尺长的标杆直立地上，用"立竿见影"之法，昼观日中之影（晷），以定出节气推移和一年的日数。所以，我国在西周初期，已知道了回归年的长度。但是，周初数百年还处于"观象授时"的阶段，离制定历法还有相当长时间。不过，周髀的发明，虽然十分简单，而在中国古代天文学的发展上，其作用和意义绝不在后来的天文望远镜和射电望远镜之下。

由于每次太阳到达冬至的时刻并不一定正好在中午，所以为了测得准确的回归年长度，古人采用了连续测量若干个冬至日正午的影长的方法，取其间隔日数的平均值，得出回归年的日数（岁实）。春秋末年，我国把岁实定为 $365\frac{1}{4}$ 日，这个日数与现代值 365.2422 日相比，只长了 0.0078 日，即 11 分钟，说明当时对太阳在天球上的视运动的观测，已达到很精确的程度。月是以月球绕地球的公转运动为基础定出的时间单位。朔望月（策朔）即月相变化的周期，是根据月亮相对于太阳的位置（即根据月亮的圆缺变化周期）来确定的。所谓"朔"，是月球和太阳在黄道上的经度相同，即处于同一方向，两者同时出没的日子，又称"合朔"，这时的月亮叫作"新月"，实际上是看不见的"月黑天"。所谓"望"，是月球和太阳的黄经相差 180°，两者遥遥相对的时候，这时的月亮叫作"望月"或"满月"。月球连续两次朔或连续两次望之间的时间，就是一个朔望月。月球运行一周天大约需要 29 日多。春秋时期朔望月的平均日数定为 29.5306 日，用朔望月的平均日数推算的每月的朔日，叫作平朔。由于朔望月的长度不是整日数，而在实际应用中每个月都以整日数计，所以就安排大月为 30 日，小月为 29 日，通常大月小月交替排列。即使如此，平均仍小于朔望月的长度，时间长了也会产生明显误差，所以每相隔大约 17 个月或 15 个月，还得安排连续两个大月，称为频大月。

以太阳的周年视运动为依据制定的历法叫作阳历，或叫太阳历，这种历法与月亮的朔望变化无关；而以月亮的圆缺变化周期为依据制定的历法叫作阴历，或叫太阴历，这种历法与太阳的运动无关。两者同时并用的，为阴阳合历，这种历法以太阳的周年视运动为回归年，以月亮的朔望变化周期（朔望月）为月。我国古代的历法就是这种阴阳历。

实行阴阳合历，就会遇到一个安置闰月的特殊问题。因为一个回归年是365日多，一个朔望月是29天多，两个周期都不是整数，这就出现了阳历和阴历无法协调整齐的困难。即使安排了大月30日，小月29日，12个朔望月也只有354或355日，每年要差10~11天，三年就差一个来月。因此就必须用置闰月的方法来加以调整。不过，如果每隔三年插入一个闰月，每年平均日数就比阳历年少几日；如果每隔8年插入3个闰月，则每年的平均日数又比阳历年多了几日。古人从长年的经验中逐渐发现，十九年七个闰月（共235年月）与19个阳历年的日数（6939.69日）几乎相等。我国大约在公元前五六百年，开始采用十九年七闰月的方法。因为根据前述《左传》所载的两次"日南至"（冬至）的测定，表明当时已知这两次冬至之间相隔133年，鲁僖公五年那次冬至在正月，昭公二十年的那次冬至在二月，显然前一年少置了一个闰月；这期间应有49个闰月，可以推得，正好是十九年有七个闰月。所以可以断言，公元前500年左右，鲁国天文家已发现了十九年七闰之法。古希腊到公元前433年才采用这种置闰法，比我国晚了100来年。

　　这种安排连大月和十九年七闰的方法，在阴阳合历中是一种极巧妙的设计。在春秋中叶，即鲁文公、宣公时代，我国已开始有规则地使用连大月和置闰月，表明春秋时期我国在历法制定上已处于逐步走上确定的准备阶段。不过，若以一年为365.25日，用十九年七闰的方法在日数上仍然带有一个小数（6939.69日）。它的4倍（76）极接近于27759日，所以又采用了76年的周期，使大小月的安排以及闰月的插入都以76年为周期。这个方法，在公元前360年的战国中期的颛顼历中已经实行了。希腊的卡利巴斯在公元前334年发现了76年插入28个闰月的方法，比我国晚了20多年。

　　春秋时期虽然还没有创立起有规则的制历法，但已实行1年12个月的历日制度，每隔 2 年或 3 年插入一个闰月来调节寒暖季节。在一个朔望月内，以日月合朔的那天为"初一"或"朔日"，最后一天叫"晦日"。春秋初期，闰月一般都安排在冬十二月后，为第 13 个月。到春秋后期，闰月则随意安插，不一定在 12 月之后。

我国历法确定制定的时期，当在战国中期。由于它以 $365\frac{1}{4}$ 日为一个回归年，故称为"四分历"。《汉书·艺文志》记载的古六历，即黄帝历、颛顼历、夏历、殷历、周历、鲁历，都属于"四分历"。由于战国时期有关天文历法的著作在秦始皇焚书后都已失传，我们只能从《汉书》和其他古籍中了解其大概。

可以确言，这个时期的四分历，岁实为 $365\frac{1}{4}$ 日，用十九年七闰的闰周，以冬至之日为一年之始，以平朔为一月之始，以夜半为一日之始，以此前某一个平朔、冬至恰在同一个夜半的日子为历元，从历元这一天开始推算此后各月的朔望和各年的节气日期。当时由于对日月合朔和冬夏二至日期的测定不很精确，所以各诸侯国的历法家采用的历元日期就不相同，这便形成了古六历的不同。

战国以后，各诸侯国虽然都实行相同的历法，但由于采用的"岁首"不同，于是就出现了所谓"三正"。岁首即一年开始的月份，大约黄河下游的周室及其同姓诸侯国，采用东周王室颁行的历书，规定新年从子月开始，即包含冬至的那个月（相当于现在的农历十一月）为岁首，称为周正；南方及东方殷民族所建诸侯国，如郑、宋、齐等国，以季冬之月，即丑月（冬至后一月，相当于现在的农历十二月）为岁首，称为殷正；黄河中游地区的晋国、秦国等古代夏民族后裔居住的区域，以孟春之月即寅月（冬至后二月，相当于现在的农历正月）为岁首，称为夏正。因此，我们现行的农历，被称为夏历。

## 2. 干支纪法

在历法上，我国古代创造了干支纪法这一独特的方法。

所谓干支就是天干、地支的总称，它是一种周期性的循环顺序。天干即甲、乙、丙、丁、戊、己、庚、辛、壬、癸，也称十干天，古称十日；地支即子、丑、寅、卯、辰、巳、午、未、申、酉、戌、亥，也称十二地支，古称十二辰。东汉以后，才有了"干支"这个名称。十干和十二支顺序各取一字相配，正好组成 60 个序数，这就是通常所说的"六十甲子"或"六十花甲子"。六十甲子的顺序见下表。

| 1<br>甲子 | 2<br>乙丑 | 3<br>丙寅 | 4<br>丁卯 | 5<br>戊辰 | 6<br>己巳 | 7<br>庚午 | 8<br>辛未 | 9<br>壬申 | 10<br>癸酉 |
|---|---|---|---|---|---|---|---|---|---|
| 11<br>甲戌 | 12<br>乙亥 | 13<br>丙子 | 14<br>丁丑 | 15<br>戊寅 | 16<br>己卯 | 17<br>庚辰 | 18<br>辛巳 | 19<br>壬午 | 20<br>癸未 |
| 21<br>甲申 | 22<br>乙酉 | 23<br>丙戌 | 24<br>丁亥 | 25<br>戊子 | 26<br>己丑 | 27<br>庚寅 | 28<br>辛卯 | 29<br>壬辰 | 30<br>癸巳 |
| 31<br>甲午 | 32<br>乙未 | 33<br>丙申 | 34<br>丁酉 | 35<br>戊戌 | 36<br>己亥 | 37<br>庚子 | 38<br>辛丑 | 39<br>壬寅 | 40<br>癸卯 |
| 41<br>甲辰 | 42<br>乙巳 | 43<br>丙午 | 44<br>丁未 | 45<br>戊申 | 46<br>己酉 | 47<br>庚戌 | 48<br>辛亥 | 49<br>壬子 | 50<br>癸丑 |
| 51<br>甲寅 | 52<br>乙卯 | 53<br>丙辰 | 54<br>丁巳 | 55<br>戊午 | 56<br>己未 | 57<br>庚申 | 58<br>辛酉 | 59<br>壬戌 | 60<br>癸亥 |

我国古代常用干支纪法来纪年、纪月、纪日、纪时，不过这些纪法开始使用的年代各不相同。

在干支纪年法以前，我国曾经采用过岁星纪年法，后改为太岁纪年法。古人认为 12 年木星行天一周，所以把它叫作岁星，并且把它的运行轨道分为 12 份，即 12 次，岁星一年移过一次，以次纪年。最初的岁星纪年法，开始于公元前 365 年；郭沫若认为，在殷周时代或其以前就有了岁星纪年法。由于岁星的运行方向是自西向东的，与实际观测的星象的运行方向正好相反，又因为岁星的运行并不均匀，有时还有逆行，所以用它来纪年有不少不方便之处。于是古人就假想了一个与岁星运行方向相反的"太岁"（岁阴、太阴），它每 12 年在天球背景上自东向西均匀地运行一周，这就可以用每年太岁所在的轨道部分来称呼该年，这就是太岁纪年法。《开元占经》所引甘氏岁星法以及《汉书·天文志》所载甘、石岁星纪年法，表明战国时期已经普遍使用这种纪年法，并一直使用到秦和汉初，它是干支纪年法的前身。后因发现木星运行的周期并不严格为 12 年，而是 11.86 年，因而再用太岁纪年就与实际的天象不相符合了，所以从东汉建武三十年（54）以后，就废止了太岁纪年法而只用干支纪年法。

干支纪月法在我国古代很早就使用了。春秋开始以十二支纪月，叫作月建。由于地支之数正好为十二，所以各月纪月的地支是固定的。当时人们把"日南至"即冬至的十一月定为子月，所以十二月为丑月，正月为寅月，二月为卯月，其后顺次为辰月、巳月、午月、未月、申月、酉月、戌月、亥月。在各月固定地支的情况下，再配上天干，就是干支纪月法，这可能是唐代才开始使用的。干支纪月五年为一周期，农历的闰月不加干支。

干支纪日法在我国有悠久的历史，在发掘出的殷代甲骨片上已发现了完整的干支表。可能在盘庚迁殷（约前 1300）之前，已经采用干支纪日了。不过这种纪日法是否有过间断和错乱，现在还不能肯定。但从春秋以来，这种纪日法已被证明没有间断和错乱。《春秋》所记第一次日食发生在鲁隐公三年（前 720）二月己巳日，经现代计算证明，这个日期确实发生了一次日食，因此这个日期的记载是准确的，表明从那时以来一直到清宣统三年（1911）止，其间历经 2600 余年，我国一直有条不紊地使用干支连续纪日，未发生一日差错。这是世界上最长的纪日史料，也是世界上极为珍贵的一份科学文化遗产。

中国古代使用过多种时段制度。春秋战国时期曾用过十时制，即把昼夜各分为5个时段，昼有朝、禺、中、晡、夕，夜有甲、乙、丙、丁、戊，共10个时段。这种时段的划分是不等长的，因为一年四季中昼夜的长短是不相同的。到秦汉以后，十时制就废止了。至于干支纪时，它是什么时代产生和运用的，已经无从查考了。不过它当是在古代十二辰制的基础上演变出来的。古代将一昼夜分为十二个时辰，并用子、丑、寅、卯等十二地支表示，子时的正中为夜半。一种比较普遍的看法是，十二辰大概是在二十八宿之前创立的；到了唐代，才将十二支配上十干，成为干支纪时。

### 3. 二十四节气

使用二十四节气，是中国历法的重要组成部分，也是我国历法的一个显著特点，这与协调阴阳合历不无关系。因为一个回归年并不等于12个整朔望月，使得四季寒温节气的变化与月份之间无法固定出一种对应关系。所以我国古人就逐渐创立了二十四节气，以弥补这一缺陷。

所谓二十四节气，即从冬至日开始，将一回归年等分为二十四份，大约15天多设置一个节气，以反映太阳在黄道上视运动的二十四个特定位置，从而反映出气候变化的情况。所以，二十四节气完全是根据太阳的回归年周期性变化而确定的，它与阴历的朔望月周期毫无关系，而是一种特殊的纯阳历系统。古代世界上实行阴阳合历的国家为数不少，但只有我国创立了二十四节气，这确实是一个十分杰出的创造。

我国古代在发明用圭表测量日影之前，就利用昏旦中星以及北斗斗柄的指向来定季节了；而在发明了圭表测日影的方法之后，就首先相当准确地确定了二分和二至。《尧典》所载"日中星鸟，以殷仲春；日永星火，以正仲夏；宵中星虚，以殷仲秋；日短星昴，以正仲冬"，说明从殷代至周初时期，已经分别以日中、日永、宵中、日短四词来分别表示春分、夏至、秋分、冬至四气了，并指出这四气分别在仲春、仲夏、仲秋、仲冬这四个月份中。到了春秋时期，就有了"日南至"和"日北至"的名称，这是用圭表实测冬至和夏至日影的长短所用的专有名词。《吕氏春秋·十二月纪》中，始有孟春、仲春、孟夏、仲夏、孟秋、仲秋、孟冬、仲冬八个月中分别安插的立春、日夜分、立夏、日长至、立秋、日夜分、立冬、日短至这八个节气，即"二至""二分"和立春、立夏、立秋、立冬。其中春分和秋分用"日夜分"的名称，夏至和冬至用"日长至"和"日短至"的名称，其他皆与现代一致，这八节是二十四节气中最重要的节气，其间平均间隔46天。

二十四节气的名称，最早见于成书于公元前139年的《淮南子·天文训》中，文称："日行一度，十五日为一节，以生二十四时之变。"后文所列举的二十四节气名称和现今所用的二十四节气的名称、顺序完全相同，即立春、雨水、惊蛰、春分、清明、谷雨、立夏、小满、芒种、夏至、小暑、大暑、立秋、处暑、白露、秋分、寒露、霜降、立冬、小雪、大雪、冬至、小寒、大寒。这说明二十四节气的制定完善，应在西汉初年。

不过，古人是用"恒气"法定节气的，即不考虑太阳在黄道上运动的快慢不均的情况，把岁周平均分配为二十四等份，每一节气平均间隔15日多，这又叫作"平气"。现在用"定气"法，以太阳所在实际位置为根据，因而各节气间的日数并不相等，冬至前后太阳移动快，各节气之间只有14日多，夏至前后太阳移动慢，各节气之间可有16日多。

二十四节气的含义，包括有天文、气象、物候和农业生产方面的内容。《周髀算经》概括"八节二十四气"说："二至者寒暑之极，二分者阴阳之和，四立者生长收藏之始，是为八节；节三气，三而八之，故为二十四。"

二十四节气中，在月头的如立春、惊蛰、清明、立夏、芒种、小暑、立秋、白露、寒露、立冬、大雪、小寒，叫作十二节气；其余十二个在月中的，叫作十二中气，二分二至都处于月中。每个中气规定要在一定的月份里。由于一个回归年不等于十二个朔望月，即阴历的月份与真正的季节不相吻合，所以每隔几年就会出现某个月份中没有中气。因此从汉代的《太初历》之后，就明确规定了闰月要安排在没有中气的月份，这就保证了真正的季节和月份的安排合理地对应起来。这是我国古代阴阳合历的一个极科学和巧妙地创造。

## （三）宇宙论

我国古人在天象观测等长期的天文学实践中，不断把积累起来的天文知识系统化并加以提炼概括，逐渐形成了关于宇宙结构、天地关系、天体运动和演化等方面的思想体系。春秋战国时期，在天论体系的诸多方面，都有不少进展和成就。后世的许多天论思想，都可以从春秋战国时期找到它们的思想渊源。

### 1. 盖天说

我国古代关于天地结构的思想，主要有盖天、浑天和宣夜三家，其中盖天说的产生最为古老并最早形成体系，这个学说基本上是在战国时期走向成熟的。在《周髀算经》中，记载和保留了这一学说。

远在人类社会的早期，人们根据直观感觉，认为天在上旋转不已，地在下静止不动，由此逐渐产生了"天圆地方"的思想。到了商代后期或西周初期，在这个思想的基础上形成了"第一次盖天说"。

《周髀算经》卷上之一的开头，记载了周武王的弟弟周公和周朝大夫商高的对话，其中商高谈到"方属地，圆属天，天圆地方"。但是对于"天圆地方"的含义，后人却有不同的理解。据《晋书·天文志》所载"周髀家"的观点，"天员（圆）如张盖，地方如棋局"，把天看作平面圆形，如张开的车盖，就如一张伞面一样；把地看作正方形的平面，就如棋盘一样。这种观点受到了人们的怀疑。《大戴礼记·曾子·天员》篇就记述了曾子（前505年以后）的批评："单居离问于曾子曰：天员而地方，诚有之乎？曾子曰：如诚天员而地方，则是四角之不揜也。参尝闻诸夫子曰：天道曰员，地道曰方。"这里"员"同"圆"，"揜"即"掩"，曾参指出圆形的天遮盖不住方形大地的四角；所以他根据孔子的看法，把"天圆地方"解释为天道圆，地道方。《吕氏春秋·圆道》进一步阐释道："何以说天道之圆也？精气一上一下，圆周复杂，无所稽留，故曰天道圆。何以说地道之方也？万物殊类殊形，皆有分职，不能相为，故曰地道方。"这里认为"圆"是指天体的循环运动，"方"是指地上万物特性各异，不能改变和替代。所以"圆"和"方"并非指天和地的形状。为《周髀算经》作注的东汉后期人赵爽注称："物有圆方，数有奇偶。天动为圆，其数奇；地静为方，其数偶。此配阴阳之义，非实天地之体也。天不可穷而见，地不可尽而观，岂能定其方圆乎？"这又把"天圆地方"说成是"天动地静"之意了。

正是在对"天圆地方"说的否定过程中，产生了"第二次盖天说"。《周髀算经》卷下中把"天圆地方"改述为"天象盖笠，地法覆槃"。《晋书·天文志》进一步阐述曰："天地各中高外下。北极之下，为天地之中，其地最高，而滂沲四隤。三光隐映，以为昼夜。"这是说地和天一样都是拱形的。天穹有如一个扣在上面的斗笠，大地像一个倒扣于下的盘子；北极为最高的天地之中央，四面倾斜下垂；日月星辰在天穹上交替出没形成大地上的昼夜变化。

在更为精确的数量关系方面，《周髀算经》卷下中根据一些假设和圭表测影的数据，利用勾股弦定理进行推算，得出"极下者，其地高人所居六万里，滂沱四隤而下。天之中央，亦高四旁六万里"；"天离地八万里，冬至之日，虽在外衡，常出极下地上二万里"。所谓"外衡"，就是冬至时太阳运行的轨道，即"冬至日道"。这里说明北极天中比冬至日道高出 6 万里。由于天恒高于地 8 万里，所以冬至日道仍高出极下地面 2 万里。《周髀算经》还根据圭影得出"冬至日道下"（即冬至时地面上"直日下"的地方，也即现在所说的南回归线）到极下地中的距离为 23.8 万里；"夏至日道下"（即北回归线）到极下地中为 11.9 万里；以周地为代表的"人居处"（黄河流域一带）到夏至日道下为 1.6 万里，所以人居处距极下地中 10.3 万里，距冬至日道下 13.5 万里。

根据这些数据，盖天说设计出了"七衡六间图"，以说明日月星辰的周日运动，昼夜的长短变化和四季二十四节气的循环交替。

盖天说认为，太阳在天盖上的周日（视）运动在不同的节气是沿不同的轨道进行的。以北极为中心，在天盖上间隔相等地画出大小不同的同心圆，这就是太阳运行的七条轨道，称为"七衡"，七衡之间的六个间隔称为"六间"。最内的第一衡为"内衡"，为夏至日太阳的运行轨道，即"夏至日道"；最外的第七衡为"外衡"，是冬至日太阳运行的轨道，即"冬至日道"。内衡和外衡之间涂以黄色，称为"黄图画"，即所谓"黄道"，太阳只在黄道内运行。从《周髀算经》卷下所载二十四节气，可知太阳在七衡六间上的运行与二十四节气的关系是：七衡相应于十二个月的中气，六间相应于十二个月的节气。具体的对应关系如图所示。

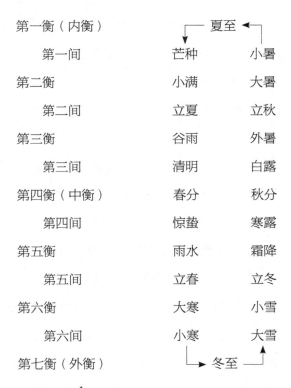

| | | |
|---|---|---|
| 第一衡（内衡） | → 夏至 ← | |
| 第一间 | 芒种 | 小暑 |
| 第二衡 | 小满 | 大暑 |
| 第二间 | 立夏 | 立秋 |
| 第三衡 | 谷雨 | 外暑 |
| 第三间 | 清明 | 白露 |
| 第四衡（中衡） | 春分 | 秋分 |
| 第四间 | 惊蛰 | 寒露 |
| 第五衡 | 雨水 | 霜降 |
| 第五间 | 立春 | 立冬 |
| 第六衡 | 大寒 | 小雪 |
| 第六间 | 小寒 | 大雪 |
| 第七衡（外衡） | → 冬至 ↑ | |

这样，太阳在 $365\frac{1}{4}$ 日内，极于内衡、外衡各一次，完成一个循环，即"岁一内极，一外极"。

由于内衡、外衡分别与地面上的北回归线、南回归线上下相对应，所以内衡的半径为 11.9 万里，外衡的半径为 23.8 万里，其间相距 11.9 万里，共六个间隔，因而相邻各衡之间相距 11.9 万里 ÷6，即 $19833\frac{1}{3}$ 里。

盖天说认为，日光可照到的距离为 16.7 万里，人也只能看到这么远的光源射来的光，因此以周地为中心，以 16.7 万里为半径所画出的圆，就是居住在周地的人所能看到的天体范围，这个部分被涂以青色，称为"青图画"。盖天说以此解释了若干常见的自然变化。如盖天说能够大体上说明四季常见的天象和气候变化，这在 2000 多年以前的科学发展状况下，可以说是相当了不起的。

《周髀算经》还包含了一些令人极感兴趣的其他论述。例如，盖天说的七衡六间与现今地球上的五带划分存在着对应关系，中衡对应于地球上的赤道，内衡与外衡对应于北回归线与南回归线；盖天说所说的"极下"，即现在所说地球的北极。所以，盖天说对地球上各地气候差异所作出的准确解释，也就不难理解了。《周髀算经》卷下之一称："璇玑径二万三千里，周六万九千里，此阳绝阴彰故不生万物"；"极下不生万物。北极左右，夏有不释之冰"。这是说北极径 23000 里的范围内，常年结冰，万物不生。《周髀算经》的这个结论，是有定量根据的，因为即使在夏至之日，太阳距北极仍有 11.9 万里远；而冬至时太阳离夏至日道也为 11.9 万里，这时"夏至日道下"（北回归线）的"万物尽死"，由此可知即使太阳移至内衡（夏至）时，北极下也不生万物，何况其他季节？《周髀算经》还进一步得出："凡北极之左右，物有朝生暮获"。这是指北极地带，一年中 6 个月为长昼，6 个月为长夜，一年一个昼夜，所以作物也在长昼生长，日落前就可收获了。同样，"中衡左右，冬有不死之草，夏长之类；此阳彰阴微，故万物不死，五谷一岁再熟"。这是对赤道南北热带地区的气候和作物情况的精确说明。这些论述的巧妙正确，确实令人惊叹不已。

《周髀算经》在关于七衡六间的叙述中，引用过《吕氏春秋》的文句，但这不表明七衡六间是在秦吕不韦之后才产生的。用七衡六间方法说明四季与太阳位置的变化，是在春秋末、战国初之间已经产生了的，这是目前比较公认的看法。

盖天说虽然在汉代以前一直在天文学界起着主导作用，但终因其自身有着不可克服的困难，而在汉代以后逐渐被"浑天说"所代替。但是，不论是"浑天说"还是另一种"宣夜说"，都可以从春秋战国时期找到它们的思想渊源。如公元前 4 世纪的慎到（前 395—前 315）

在《慎子》中说："天体如弹丸，其势斜倚"，《庄子·天下》篇中引述的名家大师惠施（约前370—前310）所提出的辩题："南方无穷而有穷，今日适越而昔来，连环可解也。我知天之中央，燕之北，越之南是也"，都提出了大地是球形的思想。惠施的前一句话提出一直向南走可以周而复始，无穷无尽，但若认为北极的正下方为南极，则南方又"有穷"；后一句话指出无限的大地是没有中央的，或者说任何地点都可看作是中央；如果将北极和南极分别看作是北半球和南半球的中央，则天下的中央在"燕之北""越之南"。这段论述，被认为包含了浑天说的大地是球形的思想。另外，对于惠施的命题"天与地卑，山与泽平"，如果从浑天说的地球居于天的中央的观点来看，就很容易理解了。因为既然大地的四面八方皆为天，那么有天高于地之处，也有地高于天之处，它们无分高下；同样，此处的水面与他处的山顶也可以处在同一个高度上。当然，对这些论题的理解，也有不同的意见①。

关于主张宇宙无限、天是由元气组成的宣夜说，战国时代也出现了一些有价值的先期思想。《庄子·逍遥游》中有："天之苍苍其正色邪？其远而无所至极邪？"认为天其色青青，深邃幽远，是辽阔无边的。惠施所说"至大无外，谓之大一"（《庄子·天下》），也将宇宙看作尺度无穷大的"大一"。《庄子·天运》中，对大地静止不动的传统说法也提出了质疑："天其运乎？地其处乎？日月其争于所乎？孰主张是？孰维纲是？孰居无事推而行是？意者其有机缄而不得已邪？意者其运转而不能自止邪？"这是说：天是运动的吗？地是静止的吗？日月都在争觅着它们的处所吗？什么力量主宰着它们的张斥？什么力量维持着它们的制引？什么力量会无缘无故地推动着它们运动？莫非其中有什么机制使它

① 参见周桂钿《天地奥秘的探索历程》，第 240、245—247 页。

们不得不如此？莫非它们运转起来以后就无法自己停止下来？《庄子》在这里虽然只是提出了疑问而没有给出答案，但在这些疑问中所隐含的天地在某种吸引和排斥的作用下运动不止的思想，却是清晰的。战国末期的李斯在《仓颉篇》中也提出："地日行一度，风轮扶之。"这里明确提出了大地运动且"日行一度"的思想，而且说明大地是在"风"的作用下运动的。这个"风"字当与宋尹学派的元气学说有关。

### 2. 天地演化思想

关于天地是怎么产生出来的，也即宇宙的起源和演化的问题，很早就是中国古代思想家们探讨的问题。战国时代的大诗人屈原（约前340—前278）在《楚辞·天问》中就提出了这个问题："曰：遂古之初，谁传道之？上下未形，何由考之？冥昭瞢暗，谁能极之？冯翼惟象，何以识之？明明暗暗，惟时何为？阴阳三合，何本何化？圜则九重，孰营度之？惟兹何功，孰初作之？"这是问宇宙初始的情况，是谁传下来的？那时天地还未形成，如何进行考察？那时混混沌沌，谁能弄清楚呢？阴阳交互运转于未形之先，如何察识？明明暗暗，天何以有昼夜？阴阳冲气，谁演化出谁来？穿窿天层九重，是谁营造的呢？天地阴阳的诺大功能，是谁赋予的呢？……屈原的这些疑问，实际上已包含了在原始混沌中，由于阴阳元气的作用而形成天地，造化出日月星辰，出现昼夜交替的思想。

成书于公元前400年左右的《老子》（《道德经》）中称："道生一，一生二，二生三，三生万物。"还说："天下万物生于有，有生于无。"把这两句话联系起来，就是说宇宙万物都是从"道"生成的，而"道"就是"无"，宇宙是从"无"生"有"的；老子哲学也因此曾被认为是唯心论的。但实际上，在《老子》第二十五章中说："有物混成，先天地生，寂兮寥兮，独立而不改，周行而不殆，可以为天地母。吾不知其名，字之曰道。"可见，老子哲学中的"道"是先于天地的、无形无象的"混成"之物，是实实在在的"有物"。那么为什么又说是"无"呢？在第一章中说："无名天地之始，有名万物之母"，说明只是由于对"天地之始"的这个混沌状态的"物""不知其名"，才名为"无"。所以道家所说的"道"，其实是最原始的"始基"之物；"有生于无"是说天地是从最原始的"道"演化出来的；而"道法自然"，它以它自身的样子存在着。

从道家的"道"，后来又衍生出"太极""无极"等概念。战国时期出现的《周易·系辞传》称："易有太极，是生两仪，两仪生四象"，说明天地（"两仪"）和春夏秋冬四时（"四象"）都是从"太极"演化出来的。到了宋代道学家周敦颐那里，在"太极"之前又加了个"无极"，这或许是为了更符合"有生于无"的本意吧。

春秋战国时期，也诞生了以"气"为宇宙本原的学说。战国中期的宋尹学派认为"其细无内，其大无外"的"精气"充塞天地之间，构成万物的本原，不过这个学说还未说明天地是否也是由精气演化出来的。《庄子·至乐》则发展了"气"的学说，指出"气变而有形，形变而有生"，认为一切有形的东西都是由无形的气变化而来的。在《庄子·知北游》中更断言："通天下一气耳。"这就把整个世界归结于统一的气了。在战国末期到秦汉时代成书的《黄帝内经》的《素问·阴阳应象大论》中，则进一步用气说明天地的形成："积阳为天，积阴为地"；"清阳为天，浊阴为地"。以上这些气一元论的思想，后来得到了深入的发展，成为在我国的传统哲学思想中具有深远影响的学说。

关于宇宙万物的起源，《管子·水地》篇还提出了"水"和"地"为万物之本原的思想，不过其"本原"性还只是指它们处处存在，万物莫不以它们为生之意，并未包含它们"产生"天地万物的意思。

### 3. 天地不毁说

与天地起源说相关联的天地不坠不陷的问题，在春秋战国时期也进行过不少讨论。

《庄子·天下》篇记载，公元前 318 年，魏相惠施出使楚国时，"南方有倚人焉，曰黄缭，问天地所以不坠不陷，风雨雷霆之故。惠施不辞而应，不虑而对，遍为万物说"。惠施的万物说虽然没有留传下来，但从先秦文献中还可以看到当时的学者们对这一问题的解答。大体说来，有三种说法。

（1）水浮说

《管子·地数》篇认为，"地之东西二万八千里，南北二万六千里，其出水者八千里，受水者八千里"。这是一种盖天说思想，即认为大地是一近于正方形的有限实体，载水而浮，是以不陷。这个大地半没水中、半露水上的想法，后来为浑天说所吸收。

（2）气举说

在《素问·五运行大论》中记载了所传黄帝与岐伯的一场对话："帝曰：地之为下，否乎？岐伯曰：地为人之下，太虚之中者也。帝曰：凭乎？岐伯曰：大气举之也。"这是说处于太虚之中的大地，是凭借大气的举力而悬浮于太空之中的。把大地看作被大气托举于太空中的一个有限物体的想法，和宣夜说是相合的。在《列子·天瑞》篇所记"杞人忧天"的故事中，有"天，积气耳，亡处亡气"，"日月星宿，亦积气中之有光耀者"，"虹蜺也，云雾也，风雨也，四时也，此积气之成乎天者也"等论述，说"天"本身就是"气"，这与元气说思想是一致的。

（3）运动说

认为天地都由于处在永不停息的运动之中而不坠不陷。《管子·侈靡》篇称："天地不可留，故动，化故从新，是故得天者高而不崩。"说天地的运动使其不断演进更新，永不毁坏。这就把运动本身看作是保持天地不坠不陷的原因。这种思想是非常卓越的。前面引述过的《庄子·天运》篇对"天运地处"的质疑中，不仅认为天地永远处于运动之中，而且还提出了引起天地运动的动力机制问题，其思想也是很深刻的。

# 五 / 数学知识的积累

春秋战国时期，人们在生产和生活实践中，积累了不少的数学知识。但对于数学这个学科，诸子百家中没有一位专门从事它的研究，因而也没有一部专门的数学著作流传下来，数学知识只是散见于各种典籍中。总的说来，这个时期还属于数学知识的积累阶段，尚未形成数学体系。

## （一）四则运算、分数和筹算

### 1.记数与四则运算

在殷墟甲骨文卜辞中，已有很多记数的文字，当时已采用了十进位制。到了春秋时期，记录大数已经用亿、兆、经、姟等字表示数字的十进单位。《国语·郑语》载史伯对郑桓公说："合十数以训百体，出千品，具万方，计亿事，材兆物，收经入，行姟极。"后世记录大数则改从万进或其他进法。

四则运算方法在春秋战国时期已趋完备。如战国初年李悝《法经》中有关于一个农家收支情况的计算，其中已经讲到了减法、乘法和除法，还出现了"不足"之数，虽然当时还未形成"负数"的概念，但为这个概念的出现提供了来源。

不少先秦典籍中，出现有乘法口诀的例句，说明此前早已出现了乘法口诀，只是到春秋战国时期，才有不完全的记载。《夏侯阳算经》说："乘除之法先明九九。"当时的乘法口诀是从"九九八十一"起到"二二如四"止，共36句，因口诀由"九九"二字开头，故用"九九"作乘法口诀的简称。汉文帝时为博士的韩婴，在他所撰《韩诗外传》卷三里讲了一个故事："齐桓公设庭燎，为士之欲造见者，期年而士不至。于是东野鄙人有以九九之术求见者。桓公使戏之曰，九九何足以见乎？鄙人对曰……夫九九薄能耳，而君犹礼之，况贤于九九乎？……桓公曰，善！乃因礼之。期月，四方之士相携而并至。"这个故事说明春秋时期乘除算法已是不足为奇的"薄能"了。

### 2. 算筹和筹算

我国古代用算筹作为记数工具，并用它发展起了一种独特的计算方法，即筹算。算筹是用小竹棍做的；利用算筹在案上摆成数字进行计算，就叫筹算。

秦以前算筹的长短粗细已无法考证，很可能尚无固定规格，随便找些小木棍即可充用。《方言》中有"木细枝为策"的说法。《汉书·律历志》说："其算法用竹，径一分，长六寸，二百七十一枚，而成六觚为一握。"据一汉尺长23厘米折合，算筹长六寸合13.8厘米。271根正好合成一个一手可以握住的六角形束。1954年在长沙左家公山一座战国晚期楚墓中出土的文物中，有竹棍 40 根，长短一致约 12 厘米，可能就是算筹的实物。

1978 年在河南登封出土的战国早期陶器上，刻有算筹记数的陶文；在战国时期的货币中，也有一些是用算筹记写的数目为纹式的。

表示数目的算筹有纵横两种筹式：

纵式：| || ||| |||| ||||| Ｔ ＴＴ ＴＴＴ ＴＴＴＴ

横式：一 二 三 三 三 ⊥ ⊥ ⊥ ⊥

　　（1 2 3 4 5 6 7 8 9）

用筹来表示一个多位数字，其方法就像现在用数码记数一样，把各位的数目纵横相间地从左到右横列，个位用纵式，十位用横式，百位、万位用纵式，千位、十万位用横式。如 6673，筹式是 ⊥ Ｔ ⊥ |||。数字中遇有零时，就用空位表示，如 86032，筹式就为 ＴＴＴ ⊥ 三 ||，百位上的空位不放算筹。由于筹式用的是"十进位值制"，"位值制"也叫"地位制"，不同位值要纵横相间摆设算筹，所以数字中的空位很容易辨别。

筹算的加减法很简单，摆上两行数字，位数对齐，相加相减变成一行数字就得出结果。乘除法的步骤稍复杂一些。乘法分三层摆筹，上位、中位、下位分别相当于被乘数、积和乘数。先以上位的首数乘下位各数，从左到右用算筹布置乘得的数于中位，乘完后去掉上位首数的算筹；再用上位第二数去乘下位各数，两次之积对应位上的数相加。如此继续下去，直到上位各数全部去掉，中位就是二数相乘之积。如 84×61，先摆成图 1 中 a 的样子，用"80"去乘"61"得 4880。去掉已用过的"8"，成图 b 的样子；再用"4"去乘"61"加到 4880 上，将上下位皆去掉，就是所求的乘积 5124，如图 1 中（c）所示。

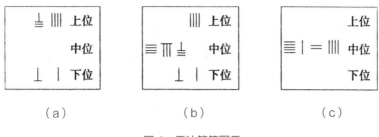

图1 乘法筹算图示

古人称被除数为"实"，除数为"法"，"实如法而一"，即实中有等于法的数所得（商）为1，实中有几个法所得（商）就是几。筹算的除法也分三层摆筹，中位为实，下位为法，上位为商。法摆到实够除的那一位之下，除完向右移动。如5987÷16，先用算筹布置"实"与"法"如图2中a。因"59"够"16"除，所以将"16"摆在"59"之下。用"16"去除"59"得商"3"（百位）余"1187"，将"16"右移一位如图b），再用"16"去除"118"得"7"（十位）余"67"，将"16"右移一位如图c。最后用"16"去除"67"得"4"（个位）余"3"，如图2中的d所示，这种摆法表示带分数的形式。全部运算可表述为："实五千九百八十七，如法十六而一，得三百七十四又十六分之三。"若恰好除尽，最后只摆出商的筹式即可。

算筹记数用极简单的竹筹纵横布置，就可完全实现位值制记数法，能够表示出任何自然数，这就为加、减、乘、除的运算提供了良好的条件。我国古代数学在数字计算方面的卓越成就，应当归功于遵守位值制的算筹记数法。十进位值制记数法和以筹为工具的各种运算，是我国古代一项极为杰出的创造，它比古巴比伦、古埃及和古希腊所用的计算方法要更为优越；印度到7世纪才有采用十进位值制记数的确凿证据。据考证，现在通用的所谓"印度－阿拉伯数码"，大约在10

世纪才传到欧洲，它很可能就是在我国十进位值制记数法的基础上形成的。英国科学史家李约瑟高度评价我国古代的这一贡献说："如果没有这种十进位值制，就几乎不可能出现我们现在这个统一化的世界了。"①

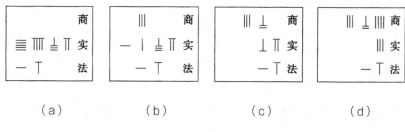

图 2　除法筹算图示

### 3. 分数的广泛应用

春秋战国时期，分数已常被使用，在当时的著作中，有很多关于分数及其应用事例的记载。当时历法计算中的奇零就用分数表示。在生产和生活中大量存在的分配问题，常常需要用到分数概念。在《管子》《墨子》《商君书》中记载的分数，大都与分配有关。

《管子》在谈到土地种植的分配时有"十分之二""十分之四""十分之五""十分之六""十分之七"等分数。《墨子》在讲到食盐的分配时有"二升少半""一升大半"的说法。"半"即二分之一，"少半"为三分之一，"大半"为三分之二，都是当时通用的分数术语。《商君书》中描绘一处各种地貌的比例说："地方百里者，山陵处什一，薮泽处什一，溪谷流水处什一，都邑蹊道处什一，恶田处什二，良田处什四。"就是说100平方公里的区域内，山陵、薮泽、溪谷、都邑各占十分之一，

① 李约瑟:《中国科学技术史》卷三，科学出版社 1975 年版，第 333 页。

恶田与良田分别为十分之二和十分之四，合为十分之十。秦孝公采纳卫鞅的意见，"平斗桶、权衡、丈尺"，建立统一的度量衡制度，现在保存的当时一斗的标准量器"商鞅量"上刻有铭文："十八年齐遣卿大夫众来聘。冬十二月乙酉，大良造鞅爰积十六尊五分尊壹为升。"即公元前344年，大良造（官职）卫鞅改定"十六尊五分尊壹为升"，"尊"即"寸"，这里作"立方寸"解，可知当时定一升为$16\frac{1}{5}$立方寸。

《考工记》关于各种器具制造的记载中，由于器具规格的规定而大量使用了分数，而且有了分数运算。如其中记载了一种竹制有棱无刃的兵器"殳"的规格："凡为殳五分其长以其一为之被而围之，叁分其围去一以为晋围，五分其晋围去一以为首围。"这是说1围$=\frac{1}{5}$长，1晋围$=1$围$-\frac{1}{3}$围$=\frac{2}{3}$围，1首围$=\frac{1}{5}$晋围。这些例子表明，"n分其A，以其一为之B"已成为"B为A的1/n"的规范表述。在《考工记·轮人》中还有"十分寸之一谓之枚"的说法，即"枚"为1/10寸的单位名称，这就是后世所用的单位"分"。

这些记载表明，我国在公元前四五世纪就已建立了分数概念，并有了普遍的应用。

从战国墓葬中出土的天平砝码的重量，以1、2、4、8、…递增。这相当于等比数列$2^0$、$2^1$、$2^2$、$2^3$。…在乐律研究中，《管子·地员》篇提出了"三分损益法"的乐律计算方法，其法为"先主（立）一而三之，四开以合九九"，相当于$1\times3^4=9\times9=81$。这两个例子说明当时已有了指数的初步概念。

## （二）几何知识与测量

### 1. 勾股测量

在战国末年到汉代成书的《周髀算经》卷上之一中，记载了西周开国时期周武王之弟周公姬旦与周朝大夫商高关于原始的割圆之法的问答。第一段讲周天历度之数的方法，即勾股法。商高回答说："数之法，出于圆方，圆出于方，方出于矩，矩出于九九八十一。"这是从万物之象不外乎圆方，万物之数离不开圆方的观点出发，把圆、方都归宿于矩；而矩形则可从二数相乘得到。"九九"是乘法口诀，"九九八十一"即表二数相乘之意。商高接着说："故折矩以为句（勾），广三，股修四，径隅五。既方之外，半其一矩。环而共盘，得成三、四、五。两矩共长二十有五，是谓积矩。故禹之所以治天下者，此数之所生也。"这是说在夏禹时已有了"勾三股四径（弦）五"这个勾股定理的特例的知识了。从《周髀算经》卷上之二所载荣方与陈子的问答，可看出陈子已经掌握了勾股弦定理。文中有"以日下为勾，日高为股，勾股各自乘，并开方而除之，得邪（斜，弦）至日"。这是明确的勾$^2$+ 股$^2$= 弦$^2$的表述。荣方为周惠王大臣，陈子为陈宣公时公族，都是公元前 7 世纪中叶人。所以我国发现勾股弦定理至少比古希腊学者毕达哥拉斯（前560—前 500）早一个世纪，所以这个定理应称为"陈子－毕达哥拉斯定理"。

《周髀算经》卷上之一载，当周公向商高请教"用矩之道"时，商高答称："平矩以正绳，偃矩以望高，覆矩以测深，卧矩以知远，环矩以为圆，合矩以为方。"这里的"矩"是指工匠所用的由互相垂直的二直尺做成的曲尺。可见，当时已掌握了利用"矩"的不同摆法来测定目的物的高度、深度和距离了；此外，还掌握了环矩求圆、合矩求方的方法。

## 2. 几何测绘

由于战争和生产的需要，春秋战国时期各地修建了不少城防和水利工程。早在公元前 6 世纪，大型土木工程中要预先进行距离、高低、厚薄、土方等测量，并做出工程进度、劳动力安排、粮食和材料的准备等方面的预算。这当然要运用大量的几何知识。如计算土方就是求各种形体的体积，包括立方体、正四棱台等，这都有确定的计算法则。《墨子》中记载了有关城墙、城门、垛口、城楼的一系列计算问题，都与立体几何有关。

春秋时期，在一些地区有了封建制生产关系的萌芽。《春秋》记载，宣公十五年（前594）鲁国首先实行对公、私土地一律按田亩征税的"初税亩"制度。这必然要求对各种形状的面积进行丈量计算。可以相信，当时对正方形、长方形、三角形、梯形、圆等各种面积，已经有了计算法则。春秋战国时期的文献中，包含了不少测量绘图的记载。测量包括直线测量、水准测量和垂直测量，分别称为"绳墨"（或"准绳"）、"水"和"悬"。"绳墨"就是打墨线以取直；"水"就是以水平面为标准测量坡度和高程；"悬"就是用铅垂线以定竖直。《考工记·匠人》篇载有："匠人建国，水地，以悬置槷以悬，眡以景。""水"就是指"水平"，"水地"就是以水平面作标准把地整平；"槷"为木质的表，"悬"即用绳悬挂一重物，"以悬置槷"就是用挂有重物的绳作准绳，把表立得和地面（水平面）相垂直。文中还指出，作为高水平的工匠，必须做到"可规可蔓（矩）可悬可水可量可权"，就是要掌握（用规）画圆、（用矩）画直、（用铅垂）定垂直、（用水平器）定水平，以及进行容积测量、重量测量的六种技巧，这才能称之为"国工"。在《墨子》等书上也有"直以绳，正以县（悬）"的说法。

当时在制造各种农具、车辆、兵器、乐器的工作中，常常会遇到不同部位有不同角度的要求，这就需要进行角度的测定，于是就形成了角的概念和衡量角度大小的一些单位。《考工记》把角称为"倨句","倨"就是钝,"句"就是锐,用"倨句"表示角就像通常的语言中用"多少"来表示量一样。一个直角在《考工记》中称为"倨句中矩"或简称"一矩"。例如在"磬氏"节中讲"磬氏为磬,倨句一矩有半"。磬为古代一种石制乐器,由大小不同的一组磬按次序吊起来,敲击发出高低不同的声音。每个石磬背部折角的大小是一个直角(矩)再加上半个直角,即135°。

《考工记》"筑氏"节记有:"筑氏为削,合六而成规";"弓人"节又说:"为天子之弓,合九而成规;为诸侯之弓,合七而成规;大夫之弓,合五而成规;士之弓,合三而成规。"这里说的"削"是弯成圆弧形的刀,六个削合起来可拼成一个圆环,说明每个削的圆心角为60°。"弓人"所述也是用圆心角的大小规定弓背的曲率,要按照社会地位等级的高低制弓。天子用的弓九张合在一起成为一个圆周,士用的弓三张就可合为一个圆周。如果把弓上的弦也连接起来,就会构成圆内接正九边形、正七边形、正五边形和正三角形。

《考工记》"卤氏为量"节说:"量之以为鬴,深尺,内方尺而圆其外,其实一鬴;其臀一寸,其实一豆;其耳三寸,其实一升;重一钧。""其铭曰:时文思索,允臻其极。嘉量既成,以观四国。永启厥后,兹器维则。"可知这个"鬴"是统治者颁布的度量衡的标准量(容)器。"鬴"通"釜",齐国容量的单位是 1 钟 =10 釜,1 釜 =4 区,1 区 =4 豆,1 豆 =4 升。所以 1 釜或 1 鬴是 64 升。当时规定 1 釜的容积为 1 立方尺,或 1000 立方寸,所以 1 升的容积当为 $15\frac{5}{8}$ 立方寸。

这些史料表明,春秋战国时期,适应于战争和生产发展的需要,已经积累起了较为丰富的几何知识。

### 3. 测量标准和量的比较

《考工记·匠人》载:"为规,识日出之景与日入之景,昼参诸日中之景,夜考之极星,以正朝夕。""正朝夕"即测定东西南北方位。直立木杆于地作为圆心,描下日出、日入时的杆影,过影端作圆,连接影端作弦,再作弦的垂直平分线;然后参照白天中午的杆影和夜晚北极星的方位校正此垂直平分线,即指出正南正北方向,弦则指出东西方向。

《管子·七法》称:"不明于则而欲出号令,犹立朝夕于运均之上。"

《墨子·非命上》也记载墨子的话说:"必立仪。言而毋(无)仪,譬犹运钧(均)之上而立朝夕也。"这都指出了在运转的陶车之上是无法测定东西南北方位的,即测量必相对于静止的参照体系进行。《墨经》经下称"[经]取下以求上也,说在泽。[说]取:高下以善(差)不善(差)为度……"这里指出了高低的测量应以水面(泽)为基准而测出高下之差。这和现代以海平面为基准测各种地势的垂直高度是同样的方法。

《墨经》还指出了不同质的量不能相比较,如木之长与夜之长分属空间量与时间量,不能相比较;智慧与粮食不能比较多少;等等。

## (三)组合数学和运筹学的思想萌芽

我国流传至今的最古典籍之一《易经》,是符号体系和概念体系的统一体。它的符号体系中包含有严格的数学逻辑性,梁启超就说过:"易学也可以叫数理的哲学。"

《易经》的符号体系是由代表"阴爻"的"‐‐"和代表"阳爻"的"—"两种基本符号通过排列组合而得出的"四象""八卦"和"六十四卦"的集合。

把"—""‐‐"各与"—""‐‐"排列一次,共有 $2^2=4$ 种组合,

《易经》

《易经》包括《连山》《归藏》《周易》三部易书，现存于世的只有《周易》。

就是"四象"；再把"—""－－"与"四象"各配一次，即由三个爻组成一组，共有 $2^3$=8 种组合，就是"八卦"。八种符号分别象征天（☰）、地（☷）、水（☵）、火（☲）、风（☴）、雷（☳）、山（☶）、泽（☱）八种自然事物，再相应赋予乾、坤、坎、离、巽、震、艮、兑八个卦名，同时还分别代表八个方向。把八卦的每一卦都和八卦相配一次，即取六个爻组成一组，共有 $2^6$=64 种组合，即"八八六十四卦"。

由于"阴"和"阳"是我国古人对一切事物和现象中两种对立力量的高度概括，因而在逻辑体系上由"阴"和"阳"两种符号的排列组合而形成的"六十四卦"，就可以表示出事物和现象的 64 种可能的状态。如自然界的天和地、山和泽、水和火、风和雷，人的刚柔、喜怒、哀乐，人事的吉凶、祸福，事物的表里、虚实等。这些对立的事物和现象相反相成、互相转化构成了宇宙间的一切变化和发展。所以卦爻从下（第一个初爻）到上（第六个上爻）的每种排列，都可以表示出事物的某种发展过程。这样，《周易》就给出了一个朴素的、具有一定逻辑结构的关于事物发展变化的描述体系。卦爻还反映了二进制的数学思想。如果把阴爻"－－"以"○"代替，把阳爻"—"用"1"代替，可以看出易卦就是二进制数码组。八卦和二进制数码的对应关系为：

| | 坤 | 艮 | 坎 | 巽 | 震 | 离 | 兑 | 乾 |
|---|---|---|---|---|---|---|---|---|
| 卦　画 | ☷ | ☶ | ☵ | ☴ | ☳ | ☲ | ☱ | ☰ |
| 二进制数 | 000 | 001 | 010 | 011 | 100 | 101 | 110 | 111 |
| 十进制数 | 0 | 1 | 2 | 3 | 4 | 5 | 6 | 7 |

所以，六十四卦也可表成二进制展开式和相应的自然数序[1]：

| | | | | | | | |
|---|---|---|---|---|---|---|---|
| 000000 00 | 000001 01 | 000010 02 | 000011 03 | 000100 04 | 000101 05 | 000110 06 | 000111 07 |
| 001000 08 | 001001 09 | 001010 10 | 001011 11 | 001100 12 | 001101 13 | 001110 14 | 001111 15 |
| 010000 16 | 010001 17 | 010010 18 | 010011 19 | 010100 20 | 010101 21 | 010110 22 | 010111 23 |
| 011000 24 | 011001 25 | 011010 26 | 011011 27 | 011100 28 | 011101 29 | 011110 30 | 011111 31 |
| 100000 32 | 100001 33 | 100010 34 | 100011 35 | 100100 36 | 100101 37 | 100110 38 | 100111 39 |
| 101000 40 | 101001 41 | 101010 42 | 101011 43 | 101100 44 | 101101 45 | 101110 46 | 101111 47 |
| 110000 48 | 110001 49 | 110010 50 | 110011 51 | 110100 52 | 110101 53 | 110110 54 | 110111 55 |
| 111000 56 | 111001 57 | 111010 58 | 111011 59 | 111100 60 | 111101 61 | 111110 62 | 111111 63 |

　　1698 年，德国哲学－数学家莱布尼茨（1646—1716）在法王路易十四派往中国的传教士白晋（1656—1730）的影响下，开始研究《易经》。1701 年 4 月，莱布尼茨把自己研究的二进制数表介绍给白晋；同年 11 月白晋把邵雍的伏羲六十四卦次序和伏羲六十四卦方位两张图介绍给莱布尼茨。莱布尼茨立即发现六十四卦就是 0—63 的二进制数表，

---

① 按照宋代邵雍的"六十四卦方图"译为二进制数表。

莱布尼茨

莱布尼茨出生于德国莱比锡，毕业于莱比锡大学，德国哲学家、数学家，被誉为"17世纪的亚里士多德"。

六十四卦圆图的结构和他研究的二进制算术是一致的。所以，莱布尼茨对于《易经》中的八卦给予了很高的评价。他说："易图是留传于宇宙间科学中之最古纪念物。"在一封信中他说："《易经》也就是变易之书，在伏羲的许多世纪以后，文王和他的儿子周公以及在文王和周公五个世纪以后的著名的孔子，都曾在这64个图形中寻找过哲学的秘密……这恰是二进制算术。……在这个算术中，只有两个符号0和1，用这两个符号可以写出一切数字。"[①]二进制是现代电子计算机所采用的主要进位制。

春秋战国时期，在军事、博弈活动中，为了进行筹划，"运筹"的思想有所发展。春秋末期著名军事家孙武在他所著《孙子兵法》中就提出过以弱敌强要以"我专为一，敌分为十，是以十攻其一也，则我众而敌寡"的策略。这就是要集中自己的兵力而分散敌人的兵力，用集中的兵力攻击分散之敌，形成局部"我众而敌寡"的形势，以取得以少胜多的结局。这个策略后来也为战国时期的著名军事家孙膑所运用。

《史记·孙子吴起列传》中记载，战国初齐国大将田忌与齐威王以千金（1000斤铜）为赌注进行赛马的事。各人都有上、中、下马各一匹，而田忌的三匹马都稍逊于齐威王的三匹马。孙膑向田忌提出对策：

① 莱布尼茨：《致德雷蒙的信：论中国哲学》。译文见《中国哲学史研究》1981年第3、4期，1982年第2期。

中国历代科技史·春秋战国科技史

118

以己之下马对人之上马，以己之上马对人之中马，以己之中马对人之下马。结果田忌输了第一场而赢了后两场。以一场的失败换取了全盘的胜利，这是对策论中争取总体最优的一个范例。

## （四）墨家和名家的数学思想

春秋战国时期，在实用数学知识丰富积累的基础上，人们也开始探讨一些抽象的数学理论问题，这种探讨在墨家和名家的著作中有较多的反映。

墨家学派的成员大都参加实际的生产活动，从生产技术活动中提炼出不少自然科学知识。在现存的《墨子》53 篇传本中，有《经上》《经说上》《经下》《经说下》四篇，合称《墨经》，是墨翟和他的门人弟子所著，大约写于公元前 5 世纪到公元前 3 世纪之间，其中包含了有关逻辑学、数学和物理学的一些论题。在文字叙述上，［经］提出论题，［说］则对相对应的经文作出解释。

在《经上》和《经说上》中，记载了墨家关于数学，特别是几何学（形学）问题的论述。这些论述包括以下有关的定义和说明："平"（同高），"直"（"参也"，即三点共线），"体"（"分于兼也"，即部分之和），"同长"（"正相尽也"），"中"（对称性形体中心），"圜"（"一中同长也"），"方"（"框隅四观"），"倍"（"为二也"），"厚"（立体），"端"（点），"间"和"卢"（"间虚也"），"盈"（重合、涵容），"撄"（相交），"仳"（比邻、连接），"次"（二相等形的叠合或二形体相次），空间的"有穷"、"无穷"和时间的"始"等。这些论述虽然主要是关于数学名词的界说和定义的文字，但却包含有丰富的数理科学思想和严密的逻辑推理。有不少内容与古希腊大约同时期的欧几里得所著的《几何原本》极相符合。

在《经下》和《经说下》中，有关于"十进位值制"和用两种方法

（"进前取"和"前后取"）分割线而得到"不可斫"的"端"的说明。

在《庄子·天下》篇中，记载了名家惠施和公孙龙等辩者所提出的一些与数学思想有关的论题，这些论题是：

① "至大无外谓之大一，至小无内谓之小一"；

② "无厚不可积也，其大千里"；

③ "矩不方"；

④ "规不可以为圆"；

⑤ "飞鸟之影未尝动也"；

⑥ "镞矢之疾，而有不行不止之时"；

⑦ "一尺之棰，日取其半，万世不竭"。

第1条中的"大一"和"小一"，从物理学的角度可理解为"宇宙"和"原子"；而从数学角度来说，"大一"可理解为空间、时间的整体，"小一"可理解为空间的"点"和时间的"瞬时"。第2条中的"无厚"可理解为几何学里的线和面，它们都"无厚"而"有所大"。惠施断言，积累线不能成面，积累面不能成体，这种认识比《墨经》更为深刻。第3、4条中所说的"矩"和"规"是画方和画圆的工具，但用工具画出来的方和圆与它们的几何定义是不会严格相符的。

第5条说鸟在天空飞翔的过程中，每一瞬时都会在地面上特定的位置形成一个影子，这个影子是没有移动的，这和第6条所说的"飞矢"的情况一样。射出的箭每一瞬时都占有空间的一个特定位置，因而在该瞬时可以说是静止在这个位置上的，但它同时又正在离开这个位置，这就是"不行不止"的状态。公元前5世纪，古希腊学者芝诺也提出过"飞矢不动"的辩题，不过他的目的是要否定运动的真实性，以论证一切存在都是静止。而名家的这两个论题却没有否定运动的真实存在，只是深刻地揭示了运动和静止的辩证统一，即动中有静，静不抑动。

第 7 条中的"棰"同"箠"，是古代一种策马杖。一尺长的木棒，每天取其所剩下的长度的一半，如此下去，永远也不会取完。这是用具体的比喻来说明物质是连续的和可以无限分割的。从纯数学上说，这个命题相当于

$$L= \lim_{n \to \infty} \frac{1}{2} \approx 0$$

虽然 L 可以无限地趋近于零，但无论 n 为多么大的数，L 却永远也不会等于零。

# 六 地理学的初步创立

殷商时代的控制范围已由原先的黄河中下游地区扩展到长江以南，北面到达内蒙古的河套以北地区。西周时期政治、经济势力影响的范围又向北、向西、向南扩充。到春秋战国时期，东南沿海地区得到较快的发展。由于疆域的扩大，生产的发展，交通的发达，商贸的繁荣和列国争霸，诸侯之间的战争和联盟以及学术交流的日益频繁，人们的地理眼界大为开阔，对各个地区的自然条件有了更多的了解和认识，积累了大量的地理资料，地理知识在深度和广度上都得到了空前的提高。

"地理"这个名词，大约就是在这个时候出现的。《周易·系辞上》有："仰以观于天文，俯以察于地理，是故知幽明之故。"这是迄今所知我国古代"地理"一词的最早应用。据唐代孔颖达解释："天有悬象而成文章，故称文也；地有山川原隰，各有条理，故称理也。"东汉王充《论衡·自纪》篇说："天有日月星辰谓之文，地有山川陵谷谓之理。"表明"地理"一词是指山河大地的地表形态。至于研究地理的目的，首先是为了因地制宜，发展生产。《管子·形势解》中强调，人们的活动不能"上逆天道，下绝地理"，即不能违反天时，破坏地利，不然则"天不予时，地不生财"。《礼记·礼器》也指出："天时有生也，地理有宜也。"孔颖达解释后一句话说："地之分理各有所宜，若高田宜黍稷，下田宜麦稻是也"，指出了地形条件与农作物种植的密切关系。可见，当时已经认识到了"地理"研究的重要性。

## （一）地理著作

为了对积累起来的地理资料进行初步的综合整理，以服务于生产和政治、军事的需要，春秋战国时期先后出现了我国最早的地理著作《禹贡》《管子·地员》和《五藏山经》等。虽然这些著作都不以"地理"命名，但都从不同方面对区域地理作了有意义的论述。其他如《尚书》《周易》《诗经》《周礼》《孙子兵法》《考工记》等古代典籍，也都记述了一些属于地理知识的内容。

### 1.《禹贡》

《禹贡》是《尚书》中的一篇，大概是我国古代文献中最古老和最有系统性地理观念的著作。战国秦汉以来，人们一直认为它是禹本人或禹时代（约前21世纪）关于禹治水过程的一部记录，同时穿插说明了与治水有关的各地山川、地形、土壤、物产等情况以及把贡品送往当时的帝都所在地冀州的贡道。经近人研究确认，《禹贡》大约成书于公元前5世纪前后，即春秋末期和战国初期，基本上是依据孔子时期所了解的地理范围和地理知识编写而成的。

《禹贡》中所谈到的中国当时的地理疆土主要包括长江中下游、黄

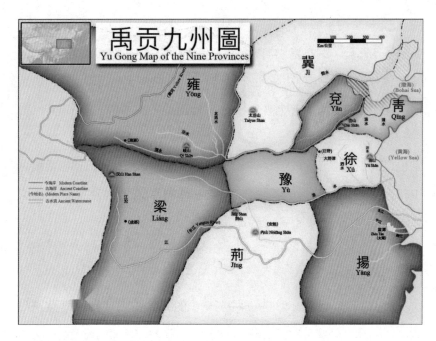

禹贡九州图

《禹贡》是中国古代名著，虽然托名为大禹所作，其实却是战国后的作品。

河中下游以及这两条河流之间的平原和山东半岛，西面达到渭水和汉水的上游，包括山西和陕西的中南部。《禹贡》全篇只有 1200 字左右，由"九州""导山""导水"和"五服"四个部分组成。"九州"部分主要依据自然条件中的河流、山脉和大海的自然分界，把所描述的地区分为冀、兖、青、徐、扬、荆、豫、梁、雍等九州。如把山西、陕西交界的黄河以东、河南黄河以北、河北黄河以西的地区划为冀州；把山东济水与河北黄河之间的地区划为兖州；把湖北荆山与河南黄河之间的地区划为豫州等。这种区分具有明显的地理学意义，带有自然区划思想的萌芽。但是总的说来，由于只以少数山川表明九州之间的分界，其山只限于岱（泰山）、华、荆、衡，水只限于河（黄河）、济、淮、黑水和海，岱、华只有定点的作用，黑水本身部位不明，所以九州的区界不很明确，只是提供了一个约略的范围。

按照禹治水途经的路线，《禹贡》对各州的山川、湖泽、土壤、植被、特产、田赋和运输路线等自然条件，都作了描述，较真实地反映了各个地区的地理特色。如对冀州和兖州的描述，指出了冀州是一种松散的白色土壤，岁收属于上等，有些地方较差，田地属于中等，当地人都衣皮服（皮服可能为贡品）。兖州经过禹的治理，黄河的九条支流都流进自己的河道，雷夏这个地方变成沼泽，灉河和沮河在此会合；此州以桑田养蚕，土壤是黑色的肥土，草木茂盛，树木高大，田地属于中等；贡品是漆和蚕丝，在贡品的篮子里有各种花纹和颜色的织品。

对其他各州的描写也都比较真实，如由兖州南下至徐州，此地已呈"草木渐包"的面貌。南方的扬州更是草木繁茂，正确反映了淮河下游和长江三角洲之间的自然景观的变化。

关于水系，说兖州"浮于济漯，达于河"，即沿济河、漯河，可入黄河；徐州则"浮于淮泗，达于河"，即从淮河下游的徐州，可由淮河航行到泗水（古泗水南入淮河），再入荷水（古荷水入泗水）。由于漯河是黄河下游的一个支流，古时济、漯相通，荷水又与济水相通，因而当时兖州、徐州和冀州的水系是相互贯通的。《禹贡》还讲到其他各州与冀州通过水路或某段海路、陆路相互衔接的多条贡道，如青州"浮于汶，达于济"；豫州"浮于洛，达于河"；扬州"浮于江海，达于淮泗"等。这就把以黄河为中心，主要利用水道通向帝都的水陆交通网络清晰地描绘出来。当然有些贡道的描述既不准确，也不实际。如雍州"浮于积石，至于龙门西河，会于渭汭"，就是无法通航的。

《禹贡》根据土壤的颜色和性状，将九州的土壤分为白壤、黑坟、赤埴坟、涂泥、青黎、黄壤、白坟、坟垆等类别，这是有一定分类价值的。

《禹贡》中专论山岳和河流的"导山"与"导水"两部分内容，是纯粹地理的内容，它们开创了我国关于区域地形的分部门研究的范例。"导"字被认为是"治理"的意思，以与禹治水的史迹相联系。

　　"导山"按照从北向南的顺序，采取列举山名的方式，把我国的山系分为由西向东延伸的四列。首先把渭水以北和潼关以东的黄河北部的诸山列为一条，从陕西西部的岍山、岐山开始，向东过壶口、雷首、霍山（太岳）、砥柱、王屋、太行、恒山到靠近渤海的碣石山，共十二山。这第一列在冀州境内最长，且多转折。第二列大部分相当于秦岭山脉，从青海的西倾山，经鸟鼠同穴之山、太华、熊耳、外方到桐柏，终于至今无法判定的"陪尾"山，共八山。第三列从汉水流域的陕西嶓冢

大别山

大别山坐落于中国安徽省、湖北省、河南省交界处，是中国著名的革命老区之一，土地革命战争时期全国第二大革命根据地——鄂豫皖革命根据地的中心区域。2018 年 4 月 17 日，黄冈大别山被列入世界地质公园网络名录。

山到湖北的荆山、内方山，终于湖北、河南交界的大别山，共四山。第四列由长江流域的岷山、衡山到敷浅原（可能在今江西德安县境内）共三山组成。这四列山都是由西向东延伸，而且西部集中，东部分散，正确反映了我国西部多高山，东部多平原的地形特点。四列可再细分为九段，即"导九山"。因当时平地为洪水所淹，故要在山地循行，"随山刊木，奠高山大川"，形成沿大山行走的九条大道。一道沿岍、岐至荆山到黄河为止；一道从壶口、雷首到太岳；一道由砥柱、析成至王屋山；一道经太行、恒山、碣石山入海；一道西倾、朱圉、鸟鼠至太华；一道熊耳、外方、桐柏到陪尾；一道嶓冢至荆山；一道岷山至衡山；一道内方山到大别山。后来马融将它分为三条，即导岍为北条，西倾为中条，嶓冢为南条。这就是反映我国古人对山地地形认识的"三条、四列、九山"学说。汉代以后学者关于"山脉"的"三条四列"思想，概源于《禹贡》。

"导水"部分被认为是《禹贡》地理的精华。它按照先北后南、先上游后下游、先主流后支流的顺序，对九州向靠近黄河的帝都贡赋所经过的水道中的九条河流的水源、流向、流经地、支流和入河口等作了描述，开我国水文地理的先声。

《禹贡》首先讲到的是雍州的弱水和黑水。弱水是甘肃张掖西部的一条内陆河。"导弱水，至于合黎，余波入于流沙"，说明了它北经合黎山，流入巴丹吉林沙漠，这大致是正确的，也符合干燥地区内流水道的特点。但所说"导黑水，至于三危，入于南海"，则是不真实的。从《禹贡》原文来看，黑水似乎是从雍州西部南流经过梁州而流入南海的，这很难找到实地根据；文中提到的"三危"山也只是传说中的山名。所以这段文字很可能是根据传闻写成的。接着讲到黄河、汉水和长江。关于江、河的发源地，文中说到"导河积石"和"岷山导江"。积石即青海的积石山，说明战国时期我国古人已知黄河源在青海境内了。但由于对积石山以远地区的情况尚不了解，所以对黄河的了解未能达到最上源。至于"岷山导江"一句，本意是说禹治理长江时曾到达岷山，但包含有长江发源于岷山之意。由于金沙江源远流长，加之山高水急的阻隔，当时人们对它的状况还不了解，所以未把它看作长江的主源，而把远在东边、水量颇大的岷江看成为长江的正源，这是对长江之源认识过程中一个可以理解的历史曲折。关于汉水，由于了解较多，所以写得也较详细。对于当时独流入海的济水和淮河，《禹贡》指出前者"导沇水，东流为济，入于河"，"溢为荥，东出于陶丘北"。沇被认为在冀州境，入于河的济，又从地下潜流到荥而为泽，再伏潜而出于陶丘北，这才是真正的济水。《禹贡》对济水与汶水以及淮水与泗、沂二水的关系，作了正确的叙述。《禹贡》最后讲到黄河的两大支流渭水和洛水，对于它们的发源和它们入黄河所汇的支流，都作了准确的叙述。

"五服"部分，反映了作者政治上的大一统思想。它不受诸侯割据形势的局限，把广大地区看作一个整体，以帝都为中心，向外扩展。500里之内的地带为"甸服"，即王畿；再向外500里之内为"侯服"，即诸侯领地；再次为"绥服"（已绥靖地区，即中国文化所及的边境地区）、"要服"（结盟的外族地区）和"荒服"（未开化地区）。这表明了赋制和政治文化影响随距离帝都的远近而不同的事实。但由于所言的范围远超过当时实际了解的地域，对四周边缘地带只能做出"东渐于海，西被于流沙，朔南暨"的粗略交代，不过还是正确地指出了我国东临大海、西北为沙丘移动的沙漠的事实。以上这些内容，充分体现出《禹贡》在我国地理学历史发展过程中的重要地位。它不仅是我国最古老、最系统的地理文献，而且它关于九州区划、山岳关联、水道体系、交通网络以及土壤、物产、景色的描述，都体现出明确的地理观念，所以它对我国后世地理学的发展产生了深远的影响。

## 2.《管子》

《管子》一书传说是春秋前期齐
国的管仲（约前725—前645）所著，
但实际上内容庞杂，绝大部分反映
的是战国时代的情况。《管子》一书
中的《地图》《地数》《地员》和《度
地》等篇，都涉及不少自然地理学的
内容。这些篇章都是战国时代的作
品，其中有关地图、植物地理、植物
生态、找矿等内容，将分别在他处叙
述，这里仅就《地员》篇和《度地》
篇中一些地理内容略作说明。

《管子》

《管子》是托名管仲的一部论文集，是研究
先秦法律思想的重要著作。

《管子·地员》按照农业生产的
情况，对地形类型作了分类。由于当时不少地方是在山南向阳坡地进行
开垦，整平高地和低地，引灌泉水进行耕种，所以《地员》篇把丘陵
地分为15种，山地分为5种。《地员》后半部分专论土壤，即"九州
之土"。它根据土色、质地、结构、孔隙、有机质、盐碱性和肥力等特
性，结合地貌、高度、坡面、水文和植被等条件，将土壤分为上土、
中土、下土三大等级，每一等级再分为六"物"，每一物又以赤、青、
黄、白、黑分为5种。如上土包括五粟、五沃、五位、五蕴、五壤、五
浮；关于五粟再分说其土区所长的许多草木、渔牧的发展以及人和泉。
这种区分方法当然带有形式主义和烦琐的弊病；对任何一"物"也未讲
清土质本身的特征以及不同土色有何本质的差异。不过，这种分类还是
有一定的地理学价值的，大体上符合土壤性质的实际情况。如所谓"群

土之长"的"息土"，就指出了它具有排水良好、蓄水力强的特点。而被列为"下土"之一的"埴土"，则是一种重黏土，遇水而散，干燥即裂，当是一种贫瘠劣土。

《管子·度地》篇提出了治水的重要性，说"善为国者必先除其五害"，五害包括水、旱、风雾雹霜、疠和虫，而"五害之属，水为最大"。接着又根据水的大小远近、来源去路，将水分为"经水""枝水""谷水""川水""渊水"，这种区分是有意义的。进而还指明了各种水道的特点，并提出"因其利而往之可也，因而扼之可也"，以及"乃迁其道而远之，以势行之"的治水思想。关于"扼水"的方法，提出"令甲士作堤，大水之旁，大其下，小其上，随水而行"，这反映了当时筑堤土功的经验。

《度地》篇还包括有由于河水与河床的相互作用而使河道发生演变的论述。说水之性"杜曲则捣毁，杜曲激则跃，跃则倚，倚则环，环则中，中则涵，涵则塞，塞则移，移则控，控则水妄行"。"杜"意"冲"，说明在河床弯曲处河水会冲击河岸使之崩塌，河水本身也会由于受激而跃动，因而流向偏斜，产生环流和旋涡，冲刷河床而挟容泥沙，泥沙在缓流处沉淀堆积，则会阻塞河道，使水道迁移；迁移中由于不断受到新的阻碍而继续变动，河水就不循旧道而妄行了。《度地》对于河道演变的复杂作用和变动过程的这种规律性的概括与论述，实在是令人敬佩的。

### 3.《五藏山经》

《五藏山经》是《山海经》中最古老、地理学价值最大的部分。西汉末年才通行于世的《山海经》，由《山经》《海经》和《大荒经》三部分组成，《海经》和《大荒经》是后人增补的，而《山经》大约是战国后期写成的，包括五篇。在其结尾处有"天下名山经五千三百七十山……居地也，言其五藏"，因此早期以《五藏山经》之名通行。所谓"五藏"，可能兼有书分五篇，地分五区之意。今本《山经》之末有一段类似于"跋"的文字，说《山经》编写的目的是为"国用"；又说："天地之东西二万八千里，南北二万六千里。出水之山者八千里，受水者八千里。出铜之山四百六十七，出铁之山三千六百九十，此天地之所分壤树谷也，戈矛之所发也，刀铩之所起也。"这段文字被认为是汉代添加的，但所举"出铁之山"远多于"出铜之山"，正是反映了继青铜文化之后铁器盛行时代的特征，即战国中后期的情况。

《五藏山经》全文 15000 多字，山名 347 个，它把我国的山地分为南、西、北、东、中五个走向系统，每个系统中的许多山又被分成若干行列，即若干次经，依次分别叙述它们的起首、走向、相距里数和结尾。"山经"含有今天所说的"山脉"之意，不过当时还只有把山隔成行列的概念，而缺乏山势连绵的意义。《五藏山经》中有些山名今天仍在使用，但由于原著对五大系统中各个山列的方位、距离的说明不够准确，加上一些虚构、夸张的内容，造成后人的许多误解和争论。不过，《山经》中有关地形的描述，基本上遍及我国各地，还是反映了战国时代已经认识到的"天下"形势。

《东山经》论述的范围大致在今山东省至苏北、皖北，东至于海①。其中包括 46 座山，由西而东分成四次经，大致都呈由北而南的走向。

《北山经》论述的范围在今内蒙古以南、贺兰山以东、河套以北，南起山西中条山，东至太行山东麓（河北省西部），北至内蒙古阴山以北，不包括内蒙古和辽、吉、黑等省，也不包括河北省中、东部。有山87 座，由西而东分成三次经。其中不少山名今仍可考，不过夸大了各

---

① 《山经》论述的范围，参看谭其骧《论〈五藏山经〉的地域范围》，见《中国科技史探索》，上海古籍出版社 1982 年版。

山之间的距离。文中所说的管涔山、漳水、滹沱、洹水、滏水、沁河等名，至今沿用。

《西山经》论述的范围在今秦岭以北，甘肃、青海湖一线，新疆东南角，包括河西走廊，不包括罗布泊。北至宁夏盐池西北、陕西榆林东北一线，东至陕西黄河界。有山77座，由南而北分为四次经，大致分布在山西、陕西两省之间的黄河大峡谷以西。

《中山经》论述的范围大致在巴、蜀和以东的湘、鄂、豫部分地区，不包括今滇、黔、桂等省，叙述最为详细，可能是作者最熟悉的地区。包括97座山，分为十二次经，基本上都为东西走向。

《南山经》论述的范围为今浙、闽、赣、粤、湘等省，不包括广东西南部和海南岛。有山40座，由北而南排为二次经，皆为东西走向。

《五藏山经》通过这五大地区，基本上对遍及我国各地的地形做出了记述。在各个山列的记述中，又详略不一地论述了各地的水文、地貌、动植物、矿物、特产以及神话传说等，记载了许多非常宝贵的自然地理知识。

关于水系，《五藏山经》首先记述了作者最熟悉的现今晋、豫两省交界地区的水系分布，然后又相继说明了其他地区的情况。几乎在所有山列的叙述中，都联系到了发源的河流，说明它们的流向、归宿、主流和支流的关系以及有关的湖泊、沼泽等。《五藏山经》共记述358条河流和湖泊，粗略地勾画出了北自黄河、海河流域，南至长江中下游的水系分布状况。

关于黄河之源，《北山经》称："敦薨之水，流入泑泽，出于昆仑之东北隅，实惟河源。"又称："积石之山，其下有石门，河水冒以西流。"这似乎是想突破"导河积石"的传统说法，把黄河之源推向积石山以远地区，以夸大河源遥远，但又无把握说得太确切，因而把昆仑山以北很远的罗布泊水系与昆仑山之东的黄河水系不切实际地混连起来，把前者当作黄河的上源。这当然反映了当时地理考察的局限性，不过这个错误的说法对后世的影响却是颇大的。

关于长江之源，《中山经》的《中次九经》把"岷山之首"称为女凡之山，其水是"东注于江"的支流，"又东北三百里曰岷山，江水出焉，东北流注于海"。这是沿袭"岷山导江"的说法。

《五藏山经》关于其他地貌的描述也十分丰富。如《南次三经》所说南方岩溶洞穴："南禺之山，其下多水，有穴焉。水春辄入，夏乃出，冬则闭。"南禺之山指粤北英德一带石山，属峰林石山地形，石山脚下多有落水洞穴，春季雨水注入，夏季多雨使地下水位升高而由洞穴流出，冬季干旱无水。关于河水潜流现象，如"白沙之山……鲔水出于其上，潜于其下"；"灌山……郁水出于其上，潜于其下"。关于北方河水的季节变化，如"教山……教水出焉，西流注于河，是水冬干而夏流，实惟干河"。关于东部地区的涌泉现象，如"跂踵之山……有水焉，广员四十里，皆涌"。关于流沙，有"泰器之山，观水出焉，西流注于流沙……南望昆仑"。这是指塔里木盆地内的沙漠地形。《五藏山经》还有关于火山的记述，如《西山经》中称："南望昆仑，其光熊熊"。这是讲昆仑山的火山现象，昆仑山至今仍有活火山存在。

《五藏山经》对不同地带动植物的记述，也很符合实际。如对西部高山地区的描写："申首之山，无草木，冬夏有雪。"《南山经》中记有"多桂""多象""多白猿"等，反映了热带和亚热带的特点；《中山经》则有"多桑""多竹箭""多漆"等，反映了黄河以南到长江中游地区的特点；《北山经》有"多马""多橐驼"的描述；《西山经》有"多松""多犀兕熊罴"等；《东山经》写东部沿海地区"多蚆鱼""多文贝"等。《五藏山经》还记载金属矿产地点 170 多处和许多玉石的产地。

秦汉以后，人们又将《海经》九篇和《大荒经》四篇与《五藏山经》一起编成《山海经》。这两部分虽然提到一些地理学方面的内容（如《海内北经》和《海内经》讲到朝鲜），但大都不准确。文中反而包含过多的神话传闻和离奇怪诞的内容，所以地理学价值不大。

**4. 其他著作中的地理知识**

《穆天子传》是一部神话式的，但却具有一定地理学价值的著作。此书是晋太康二年（281）河南汲县民不准（人名）盗发古冢所得，皆竹简素丝编。汲县是战国时魏地，此书出自魏惠王子令（魏襄王）之冢，当为公元前299年魏襄王去世时的陪葬品，所以它应写成于此前，即公元前4世纪。

《穆天子传》系小说体裁，追述西周时代的第五位君王周穆王满（前1001—前952在位）三次出游的经历。全书共六卷，前四卷叙述主要转向西方的远游，后二卷叙述两次向东的出游，三次都以南郑为归宿或出发点。这些叙述明显带有神话性质，特别是前四卷所述西游的故事。如说穆天子的"八骏之乘"由造父等四人为御，一日走千里。另如卷二"辛酉，天子升于昆仑之丘，以观黄帝之宫"；卷三"天子宾于西王母……天子觞西王母于瑶池之上"等，显然都是神话。不过，结合着天子的饮宴、射猎、钓鱼、短途旅行等活动，大量叙述了这位天子所游历的高山、江河、沙漠、特殊氏族等，反映了我国大西北山川的形势，其中不少都大致可考。同时，也在一定程度上反映了先秦时期已达到的地理视野。

极可能是战国后期编成的文字训诂类书《尔雅》，其中的《释天》《释地》《释丘》《释山》和《释水》诸篇，都或多或少包含了一些与地理有关的内容。《释地》篇的"九州"条略去了《禹贡》中的梁州，而增加了"燕曰幽州"，将《禹贡》中的青州改为"齐曰营州"；各州的分界不再用山或海，而统用河、江、汉、济四水。关于城市四周远近不同的地带的称谓，说"邑外谓之郊，郊外谓之牧，牧外谓之野，野外谓之林，林外谓之坰"，一定程度上反映了当时城市发展的状况及城野差异的扩大。关于不同地形的区分，文中称："下湿曰隰，大野曰平，广平曰原、高平曰陆，大陆曰阜，大阜曰陵，大陵曰阿"；"可食者曰原，陂者曰阪，下者曰湿"。原、坂（阪）、陵、阜等名称至今在我国西北地方仍沿用。《释丘》篇中把丘按外形分为四种，即"一成为敦丘，再成为陶丘，再成锐上为融丘，三成为昆仑丘"；按地理地貌条件，把丘又分为更多种。《释山》篇中称一重的山为"坯"；"山大而高，嵩"；"山小而高，岑"；"大山恒"，"独山蜀"。今天不少山仍用这些名称，如"大坯山""恒山""嵩山"、山东南四湖区的"蜀山"等。此篇的末尾，提出五岳说："泰山为东岳，华山为西岳，霍山为南岳，恒山为北岳，嵩山为中岳。"霍山即天柱山，到汉初尚被称为南岳。《释水》篇中有关于大水与支水的分级："水注川曰溪，注溪曰谷，注谷曰沟，注沟曰浍，注浍曰渎。"关于河流在河床中的堆积地形或河谷地貌，称"水中可居者曰洲，小洲曰渚，小渚曰沚，小沚曰坻，人所为为潏"。

于公元前 240 年前后成书的《吕氏春秋·有始览》述称"天有九野，地有九州，土有九山，山有九塞，泽有九薮，风有八等，水有六品"。它采用战国早期的九国作为九州的标记，并把以周为标志的豫州列于第一位，其他有冀州（晋）、兖州（卫）、青州（齐）、徐州（鲁）、扬州（越）、荆州（楚）、雍州（秦）、幽州（燕）。这里把九州的划分作为地理分区的概念，是地理思想上的一个进步。

其他在《周易》《诗经》《周礼》《左传》《孙子兵法》《考工记》等早期著作中，都有不少属于地理学方面的内容。

## （二）大地水陆分布及域外地理的认识

春秋时期，华夏民族主要活动的地区仍在黄河中下游以及江、淮、河、汉之间的地区，地理视野还是狭小的。所以当时人们把对东方的"海隅"和"海表"的认识加以扩大，产生了四方皆为海的设想，把"海"看作是世界四周的边际。

战国时期，由于四周诸侯的疆土日益拓展，各个民族接触频繁，地理视野空前扩大，于是就产生了"九州""四极"的概念。《禹贡》《吕氏春秋》《周礼》和《尔雅》中各自都有关于"九州"的说法，相互并不一致，不过还都属于对已认识的地理区域的划分。《史记·孟子荀卿列传》记载齐国的邹衍提出的一种"大九州"的猜想，说邹衍"以为儒者所谓中国者，于天下乃八十一分居其一分耳。中国名曰赤县神州。赤县神州内自有九州，禹之序九州是也，不得为州数。中国外如赤县神州者九，乃所谓九州也。于是有裨海环之，人民禽兽莫能相通者，如一区中者，乃为一州。如此者九，乃有大瀛海环其外，天地之际焉"。这是一种以盖天说为基础而对世界大地水陆分布的大胆猜想。

"四极"之说更能反映当时人们地理视野的扩大。《禹贡》称："东渐于海，西被于流沙，朔南暨。"这是在对东方海域、西北方大沙漠认识的基础上，对北方（朔）和南方的一种类推性猜测，即北方亦至于流沙，南方亦至于海。《楚辞·大招》进一步描述"四极"说："东有大海，溺水浟浟只"，"南有炎火千里"，"西方流沙，漭洋洋只"，"北有寒山，逴龙赩只"。《山海经》还记载了许多国名以及怪异的动植物和种族，多数属于神话传说和想象，但也包括一些实际的地理知识[1]，如黑齿国、雕

---

[1] 参见中国科学院自然科学史研究所地学史组编写的《中国古代地理学史》，科学出版社1984年版，第360页。

题国，可能是南方的一些部族；钉灵之国，可能指贝加尔湖地区的丁零；墇端玺唤国可能就是敦煌。英国学者李约瑟也讲到有人考证《山海经》中提到的文身国可能是千岛群岛有文身风俗的部落；白民国和毛人可能是指阿伊努族（Ainu）；郁夷国则是西伯利亚"有恶臭的未开化部落"。

战国时期海上交通的发展，还产生了"三神山"的传说。《史记·封禅书》云："自（齐）威、宣、燕昭使人入海求蓬莱、方丈、瀛洲，此三神山者，其传在勃海中，去人不远，患且至，则船风引而去，盖尝有至者。""三神山"之说，也反映了人们对东方远海地理知识的追求。秦始皇统一中国后，于公元前 219 年派方士徐福率庞大的航海船队和童男童女数千人，由山东半岛出发，入东海求"不死之药"，船队经过朝鲜而最终到达日本。

## （三）地图

地图以简明形象的特点，表示出地表的地貌和各种地理形象，是表达地理知识的一种有效手段。相传我国在夏朝就铸造过九尊大鼎（夏鼎），将九州的川泽山林、草木、禽兽等皆绘铸其上，以使人们了解各个地区的自然环境，不致远行时遭受意外的伤害。这个传说虽然无从考证，但我国在夏代或更早时候就出现了绘有表示山川分布的原始地图，是完全可能的。

从古书中有关地图的记载，可知地图的绘制多是由于政治、军事和生产等多方面的需要。

《尚书·洛诰》记载，西周初年成王即位后，先后派周、召二公在洛河流域建新城。他们通过对洛河的两个支流涧水、瀍水附近的考察和占卜，"伻来以图及献卜"。"伻"即使者，将部位图和卜辞一并献给成王，后来就在这里建成王城和成周两座新城。

《论语·乡党》谈到孔子的行为时，有"式负版者"一语。"式"指表示敬意，"版"是刻在木版上的一国封疆图版。这大概是后来表示国家疆域的"版图"一词的来源。这种地图，常有专人背负运送，说明春秋末年这种"版"已普遍使用。

大约于战国时期成书的《周礼》（也有认为是西汉末年的伪托之作）中，有关使用地图的论述特别多，所载地图的种类至少在七种以上。如有关于户籍的，有关于全国行政区域的"天下之图"，有关于山川林泽分布的，有关于矿产分布的，有关于道路交通的，有关于墓域的，甚至还有用地图作为打官司的凭据的。《周礼·地官·司徒》称："凡民讼以地比正之，地讼以图正之。"《周礼·地官司徒》载："大司徒之职，掌建邦之土地之图与其人民之数，以佐王安扰邦国。以天下土地之图，周知九州之地域广轮之数，辨其山林、川泽、丘陵、坟衍、原隰之名物，而辨其邦国都鄙之数，制其畿疆而沟封之。"这里不仅说明当时已设有专门保管地图的官职"大司徒"，而且还说明了地图的用途和主要内容。

《管子·地图》突出说明了战国时期地图在军事上的主要作用，说："凡兵主者，必先审知地图。辕辕之险，滥车之水，名山、通谷、经川、陵陆、丘阜之所在，苴草、林木、蒲苇之所茂，道里之远近，城郭之大小，名邑废邑、困殖之地，必尽知之。地形之出入相错者，尽藏之。然后可以行军袭邑，举措知先后，不失地利，此地图之常也。"这段精彩的论述，说明当时的地图对地形地物的表示已很完备，内容也很丰富复杂；而且可以想到，这种地图的绘制，必定是按照一定的比例缩尺并使用多种符号和说明方式做出的。《战国策·赵策》记载，苏秦以合纵游说赵王时说："臣窃以天下之地图案之，诸侯之地五倍于秦。"能从地图上看出地域大小的倍数，这种地图可以肯定是按一定比例尺缩绘制的。

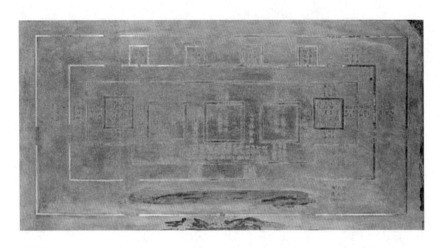

**兆域图**

兆域图的背面中部有一对铺首，正面是中山王、后陵园的平面设计图。

 

    1978 年在河北平山县中山国中山王䜑墓出土的"兆域图"，更证实了战国时期的确已按比例尺绘制地图了。图中各个"堂"之间的间隔，"丘足"与"堂"之间的距离，所标注的数字与图示的大小基本上呈现 1∶500 的比例；与实际墓地相对照，还可知图的方位是"上南下北"。这些史料证明，春秋战国时期，我国地图的使用不仅已经很普遍了，而且地图的测绘已达到了一定的水平。

# 七

## 农学和生物学的发展

### （一）重农思想和精耕细作的农业技术

春秋战国时期，伴随着奴隶制向封建制的转变，以一家一户为基础的小农经济逐渐发展起来。铁制农具的出现和推广使用，同时借助于牲畜动力，对推动农业生产和技术的发展起了极其重要的作用。黄河流域的农业生产面貌焕然一新，长江流域及其以南地区的开拓也逐渐取得进展。一家一户独自经营的自给自足的小农经济，以生产谷物为主，种植桑麻和饲养豕、鸡、犬等小家畜为副业，形成了以五谷、桑麻、六畜为轻重次序的农业结构。由于可以做到深耕、多锄、及时施肥灌溉，并创造了畦种法、复重轮作法，进一步挖掘了土地的生产潜力，开始形成了我国农业生产上精耕细作的优良传统。

在谷物种植上，由于技术能力的提高，过去地位次于黍（黄米）、稷的粟（谷），栽培面积逐渐扩大，取代了黍、稷的地位。黍、稷的种植范围则向北推移。但由于当时抵抗旱灾的能力还未能很大提高，防旱的主要措施就是在栽培粟等主要粮食作物的同时，搭配播种一些耐旱"保岁"的大豆（大菽），而且大豆的播种要达到每人五亩的面积。《管子》称，"菽、粟不足"，民就会有饥饿之色；《孟子·尽心上》说："圣人治天下，使有菽粟如水火。菽粟如水火，而民焉有不仁者乎？"即谓"圣人治天下"必须使菽、粟的生产达到用之不竭的水平。后来由于冬麦栽培技术的发展和种植面积的扩大，终于形成了菽、粟、麦三者并重的粮食生产组合格局。

冬麦栽培技术的推广所引起的一个重大改变，是部分地区过去一年一熟制开始走上复种轮作的道路，即把冬麦和一些春种或夏种的作物搭配起来，采取一些适当的技术措施，在一年或几年内，增加种植和收获的次数。春秋期间，"嵩山之东，河汝之间"，即今河南中部地区，已可以"四种而五获"（《管子·治国》），即四年五熟。到战国时期，《荀子·富国》称，在黄河流域的一些地方，"人善治之，则亩数盆，一岁而再获之"，即达到一年两熟。这是我国古代在耕作制度改革上的一项伟大创举。

农业技术的发展和农业主产的提高，也反映到诸子百家的著述中。这一时期既出现了如许行一样专门谈"神农之学"的农家学派（见《孟子·滕文公上》），也出现了专门的农学著作《神农》20篇和《野老》17篇。前者为"诸子疾时怠于农业，道耕农事，托之神农"而作的，后者据东汉人应邵所说是"年老居田野，相民耕种，故号野老"（以上均见《汉书·艺文志》）。它们当是当时农业生产技术经验的总结，可惜都散佚无存了。今天仍能见到的是《吕氏春秋》中的《上农》《任地》《辨土》《审时》四篇，以及散见于其他先秦典籍中的零星资料。这些论述大体上反映了春秋战国时期我国农业科学技术发展的基本水平。

## 1. 重农思想

春秋战国时期，我国就形成了以"农本论"为特色的重农思想，即把农桑耕织看作"本业"，把商贾技巧看作"末业"，崇尚本业、抑制末业的思想。《管子·王辅》称"强本务，去无用，然后可使民富"，《管子·治国》称"舍本事而事末作，则田荒而国贫矣"，这是农本思想的代表性论述。

这一时期所形成的农本思想，并不是一种单纯的经济思想，而是兼具政治的和军事的多种内容。从经济上讲，"民事农则田垦，田垦则粟多，粟多则国富"，"桑麻植于野，五谷宜其地，国之富也"（《管子》）。即只有发展五谷、桑麻、六畜的生产，才是国家致富之本。从政治上讲，《管子》指出："治国之道，必先富民。民富则易治也，民贫则难治也。"因为"民富则安乡重家，安乡重家则敬上畏罪，敬上畏罪则易治也……故治国常富，而乱国常贫，是以善为国者，必先富民，然后治之"。所以，重农又是国家长治久安的根本大计。从军事上讲，《管子》指出，粟多则国富、兵强，才能战胜、守固；相反，如果不重视发展农业生产，"人贫则轻家，轻家则易去……则战不必胜，守不必固矣"。

把天（时）、地（利）、人（和）看作是农业生产三大要素的"三才"思想，在春秋时期已逐渐形成，战国时期的思想家们，开始用"三才"理论来指导农业生产。荀子在谈到致富之途时就指出，只有"上得天时，下得地利，中得人和"，才能"财货浑浑如泉源，汸汸如河海，暴暴如丘山"；反之，如果失掉天时、地利、人和，就会使"天下敖然，若燔若焦"。《吕氏春秋·审时》篇称："夫稼，为之者人也，生之者地也，养之者天也。"这就在农业生产的三大要素中，把人的因素放到了首要地位，这是很有积极意义的，说明当时的农业生产已经从等待自然恩赐，向主动地去改造自然、向自然索取的方向迈进了。

"农本论"在农业生产上的表现之一，就是"集约经营"思想，即提高劳动强度，实行精耕细作，充分挖掘土地潜力，努力提高单位面积产量。在战国初期，我国的农业生产就表现出了集约经营的特色。李悝在魏国为相时，就曾对魏文侯作"尽地力之教"。他说："治田勤谨，则亩益三斗（约合今六升）。"（当时的一亩约合今三分之一亩）《吕氏春秋·上农》篇更突出地强调了集约经营："敬时爱日，非老不休，非疾不息，非死不舍。上田夫食九人，下田夫食五人，可以益，不可以损。一人治之，十人食之，六畜皆在其中矣，此大任地之道也。"这是要农民起早贪黑，以大强度的劳动去努力增产；并规定"上田"每个劳动力要养活九个人，"下田"每个劳动力要养活五个人，牲畜的饲料还要包括在内。这样的劳动生产指标，是相当高的。

### 2. 精耕细作

春秋战国时期，由于制造了铁犁，推行了牛耕，从而为深耕细作创立了物质条件。到战国时期，深耕的提法已遍见于各种典籍。

在西周时代，我国就很重视中耕除草和农田管理。到春秋战国时代，由于铁农具的广泛使用和牛耕动力的推行，中耕水平有了显著提高，逐渐形成了"耕耨结合"的耕耘体系。"耕"主要指播种前的基本耕作，"耨"指作物生长期间的中耕管理，特别是锄草。当时诸子的著述中多有"耕耨"连述的，或者"耕耰"连述、"耕耘"连述。《韩非子》中称"耕者且深，耨者熟耘"，《吕氏春秋·任地》称"五耕五耨，必审以尽"，都强调了耕种之后要精细地锄多次，尤其在干旱时要锄地，即"人耨必以旱"，以使土壤疏松，减少水分散失。这种重视中耕除草和加强田间管理的措施，成为我国精耕细作优良传统的重要组成部分之一。

为了利于涝时排水和干旱时保墒,《吕氏春秋·辨土》提出整地时"畎(垄)欲广以平,甽(沟)欲小以深",这样就可以使作物"下得阴,上得阳"。在《任地》篇中更明确地描述了当时已实行的"畦种法"(垄作法),即"上田弃亩,下田弃甽"的栽培方法。这是说在高田旱地或雨水稀少的地区,墒情不足,应该把庄稼种在沟里,即"种垄沟"的"低畦栽培法",以减少水分的蒸发,并防风;而对于低湿田,水分过多,要把庄稼种在比较高而干燥的垄上,即"种垄台"的"高畦栽培法"。这是根据地势的不同,合理进行田间作物布置,以保证"上田""下田"都能得到充分利用的科学方法。在这一方法的基础上,汉代以后又发展了"代田法"和"区田法"。

### 3. 多粪肥田和土质改良

我国古人很早就对土壤的肥力有了较深刻的认识。《国语·周语》上有"阳气俱蒸,土膏其动"的说法。"膏"即指肥美的养料,"土膏"当然是指土壤的肥力。这说明至迟在春秋时期,人们就知道了土壤具有肥力这一基本特性了,而且还把"土膏"看作是"动"态的,即可以改变的。《禹贡》按肥力的高低把全国的土壤分为三等九级;《管子·地员》更进一步把全国的土壤分为三等18类90种,这是世界上土壤分类研究的最早成果。《周礼》中有"草人掌土化之法"的说法,汉代郑玄注曰"化之使美",即通过人的垦耕熟化,使土壤肥美起来。这实际上已经指出了土壤的肥力不是固定不变的,而是可以改变的,特别是可以通过人的活动来加以改造。

如何提高土壤的肥力呢?在春秋时期以前,主要靠休闲来恢复地力,施用肥料还不是普遍的方法;而到春秋时期,情况就有了很大的变化。《周礼》记载当时已有"不易之地""一易之地"和"再易之地"的区分,就是有连年种植不休闲和休闲一年、二年的土地。这不休闲的耕地显然要靠人工施肥来保持和提高其肥力了。到了战国时期，随着农业生产力的提高，施肥受到普遍的重视。《孟子·滕文公上》中有"粪其田而不足"的记载；《荀子》更提出"多粪肥田"，并说这是"农夫众庶之事"；《韩非子》有"积力于田畴，必且粪灌"的说法。《史记·李斯列传》记载商鞅变法后的秦国，有"弃灰于道者刑"的规定，即把可以作为肥料的灰抛撒在路上的人要被治罪，说明对肥料的珍视。《吕氏春秋·任地》提出"子能藏其恶而揖之以阴乎？"意思是说你能把粪便藏于田地而使它在土下不断发挥肥力作用吗？这说明当时已有了关于施肥的技术和学问。正是因为有这种基础，《任地》才能明确提出"地可使肥，又可使棘（瘠）"，即可以用人力改变土地的肥瘦。文称："凡耕之大方，力者欲柔，柔者欲力。息者欲劳，劳者欲息。棘者欲肥，肥者欲棘。急者欲缓，缓者欲急。湿者欲燥，燥者欲湿。"意思是说土壤耕作的基本原则，过于坚硬的要使之柔软，过于柔软的要使之坚硬些；休闲过的要种植，种植过的要休闲；贫瘠的要使它肥沃，过于肥沃的又要控制调节；过于致密的（黏土）要使它疏松，过于疏松的（沙土）要适当致密些；过湿的要使之干燥，过于干燥的又要使它湿润。这五项处理原则，包含了土质改良、轮作养地、施肥保墒等丰富的技术内容，为合理使用土地、提高土壤肥力和增加产量提供了保证措施。

这些措施的实施，保证了土地的较高产量。《荀子·富国》说"田肥以易，则出实百倍"。《吕氏春秋·适威》也说："若五种之于地也，必应其类，而蕃息于百倍。"这都是说当时已可使产量为播种量的百倍。或许这有些夸大，不过当时农田产量较高还是可信的。

### 4. 防虫除草

采取多种耕作措施来防治害虫、清除杂草，在春秋战国时期积累了不少经验。

通过深耕细作来消除杂草和减少害虫危害，是一个基本措施。

《吕氏春秋·审时》中总结了适时种植的麻、菽、麦抗虫免虫的经验，得出了"得时之稼兴，失时之稼约（青病）"的结论，令人信服地论证了"凡农之道，候之为宝"的科学真理。

## （二）动植物形态、分类知识

### 1. 动植物分类思想的产生

由于铁农具和牛耕的普遍使用，春秋战国时期的农业得到了很大的发展。为了治理好农业，并充分利用丰富的动植物资源，就需要具有关于辨别不同动植物类别的知识。所以，关于动植物形态和分类的知识在这个时期得到了不小的发展。《周礼》在关于西周的政治制度和经济制度的论述中，提到了所设置的一些专管农业的官吏，他们就有辨别各种不同的动植物类别的职责。这说明辨别不同动植物的种类，当时已成为与社会生产和经济生活息息相关的"学问"了。

如何对生物进行分类，当时还没有形成明确的分类原则，但是人们从生活和生产实践经验的积累中，特别是基于对动植物形态认识的深化，还是逐渐形成了一些分类原则。商周时期已经出现了以下几种分类方法：[①]

① 按照毛色分类。如黄牛、幽牛；白羊、黄羊；马有骊（黑色马）、駽（金色马）、騢（赤色马）、骐（青骊色马）等。植物也有以色泽区分的，如粟有糜（赤苗）和芑（白苗）之分。

② 按照体形大小分类。如大兕、小驹等。

③ 按照雌雄性别分类。如牡（公牛）、羘（公羊）、豝（公豕）；牝

---

① 参见苟萃华《我国古代的动植物分类》，见《科技史文集》第4辑，上海科技出版社1980年版。

（母牛）、羒（母羊）、豝（母豕）等；大麻有苴、蒴之别。

④ 按照功能、用途分类。如马有种马、道马、田马、驽马等。

⑤ 按照外形特征分类。如牛与羊以其犄角之大小区分；虎与豹有条形斑纹与铜钱斑纹之区分；龟鳖类体被介甲，鱼蛇类体被鳞甲等。植物有"木"本和"草"本的基本区别。

这种分类方法，主要是以动植物直观的形态特征为依据的。战国后期，随着动植物分类知识的增长以及后期墨家学派逻辑分类概念的形成，荀子在《正名》篇中提出了"制名以指实，上以明贵贱，下以辨同异"的观点。荀子发展了后期墨家"类"的思想，提出了"大共名""大别名"的区分概念级别的方法。"大共名"即泛指一切物的最高类的名，如"物"；"大别名"即泛指某一类事物之名，如"鸟兽"。更进一步愈来愈细致地进行区分，达到"别则有别，至于无别"，最终"使异实者莫不异名也"，"使同实者莫不同名也"，就是个别事物的名了。荀子的这种具有逻辑学特色的分类思想，对生物学分类工作也是有指导意义的。

在《荀子·王制》篇中，荀子对自然界的事物作出了如下的分类："水火有气而无生，草木有生而无知，禽兽有知而无义，人有气有生有知亦且有义。"这是根据当时的"元气"本体论学说，以"气""生""知""义"作为不同级别的"共则有共""别则有别"的标准，将自然事物分为有生命的和无生命的两大类，有生命的（生物）又分为无感知的（植物）和有感知的（动物）两类，动物中又分为有义（理性）的和无义的（禽兽）两类。这种分类同时也给非生物、生物、植物、动物和人类下了定义。这就将前人经验性的分类方法上升到了理论性的分类思想。

### 2. 动植物的具体分类

在具体的动植物形态、种类的认识和分类方法上，春秋时期都有所进步。《诗经》中记载的动植物约有 250 余种，如农作物就有禾（粟）、稷、黍、麦、牟（大麦）、稻（稌）、菽（大豆）等；蔬菜有葵（冬寒菜）、韭、瓜类等；果树有枣、郁（郁李）、薁（欧李）、杏等；经济树种有榛、栗、椅、桐、梓、漆等。动物有熊、狐、狼、鹿、雁、鸿、鸳鸯、鹈、鸧鹒、鲤、鳣、鲔、鲂、鲨、蚖、蛇、蜉蝣、莎鸡、蟋蟀、斯螽、蜩、螗等 100 多种，其中鸟类有 70 多种，昆虫 20 多种。

《周礼·地官·司徒》提出了"以土会之法，辨五地之物生"的分类方法。"土会"即计土征纳贡赋，"五地"即各种不同的地形。其中首次出现了"动物"和"植物"两个名词，而且分植物为皂物（指柞、栗等果实有壳斗之属）、膏物（指生有橐韬的莲芡之属）、覈物（指梅、李等核果类）、荚物（指生有豆荚的植物）、丛物（指"萑苇"之属）五类。这是根据果实的形状对植物所做出的最早分类。

关于动物，文中分为毛物、鳞物、羽物、介物与赢物五类。毛物指虎豹之属，即兽类；鳞物指鱼类；羽物指鸟类；介物指龟鳖之属；赢物指人类。按照现在的分类学观点，这五类都是脊椎动物。《周礼》中的这种分类方式，与现代把脊椎动物分为"人""哺乳类""鸟类""爬行类"和"鱼类"基本一致。

在《考工记》中把动物分为"大兽"和"小虫"两大类。在谈及雕刻工匠（梓人）关于动物造型的创作时称："梓人为笋虡。天下之大兽五：脂者、膏者、赢者、羽者、鳞者。……外骨、内骨、却行、仄行、连行、纡行，以脰鸣者，以注鸣者，以旁鸣者，以翼鸣者，以股鸣者，以胸鸣者，谓之小虫之属。"文中所说作为"宗庙之事"的牺牲的"脂""膏"两类，是根据用途定类的，没有分类学的意义。其他三类（赢、羽、鳞）都是脊椎动物。结合于《周礼·地官》所述，"大兽"应包括这三类和毛、介两类脊椎动物。上文后半段讲的都是昆虫的形态，包括具有外骨骼和内骨骼的，有不同行动方式的，有以口、腹侧、翅和后足腿节发音的。所以，这里所说的"小虫"当指以昆虫为主的无脊椎动物。因此，《考工记》实际上已将动物分为脊椎动物和无脊椎动物两大类，这是动物分类上的一个进步。

由此可见，春秋时期已经形成了我国古代的生物分类体系了。

战国以来，人们对动植物形态的认识不断扩大和深入，因而在关于动植物形态、器官的描述以及动植物分类原则和分类系统上，都有明显的进步。在战国后期成书的训诂之作《尔雅》中，《释草》《释木》《释虫》《释鱼》《释鸟》《释兽》诸篇，集中概括了这一时期积累下来的动植物方面的知识，也成为一种分类系统。

《释草》《释木》两篇，把植物分为草、木两大类。草类中著录草本植物190余种，木类中著录木本植物70余种，两类中主要都是种子植物。此外，草类中还有菌藻类和羊齿类；木类中还包括"寓木"，即寄生植物。在《释木》篇中，把木本植物区分为"小枝上缭"的"乔木""族（丛）生"的"灌木"和"无枝"的"檄木"（棕榈科植物）三类。乔、灌二词沿用至今。

在具体的分类中，《尔雅》注意把形态上相似和亲缘上相近的排列在一起。如把山韭、山葱、山蒜这些山野生的百合科植物，蘩、蒿、蔚等菊科植物，苣、秬、秠、稌等禾本科植物，壶枣、酸枣、羊枣、大枣、苦枣、梣枣等枣属植物等，分别排在一起，"以类相聚"。《释草》中所说"槐棘丑乔，桑柳丑条，椒榝丑菉，桃李丑核"，则分别以"乔"（枝高耸）、"条"（枝低垂）、"菉"（圆形聚合成球的菉果）和"核"（核果）等形态特点作为区分槐棘、桑柳、椒榝、桃李等植物的分类标志。

《尔雅》把动物（包括低等动物、高等动物和家养动物）区分为"虫""鱼""鸟""兽"四大类，再以其形状、形体大小、色泽、生态环境的异同作更细致的区分和叙述，从而较清楚地表现出了动物分类阶元的思想。其中所列的"虫",相当于现在所说的无脊椎动物;"鱼"为鱼纲、两栖纲、爬行纲等变温动物;"鸟"为鸟纲;"兽"指哺乳类。《释畜》篇中的家养动物可分别列入鸟类和哺乳类。在虫、鱼、鸟、兽以下更详细的分类相当于现代所说的"目""科"的分类阶元。

## （三）植物生态知识

### 1. 植物与环境

随着人们有关植物知识的增加,不仅加深了对植物个体形态的认识,而且也越来越多地了解了植物的生活习性、植物与环境的关系以及植物的分布。

植物与环境的关系是比较复杂的,也是多方面的。庄子首先提出了"种有几"(《庄子·至乐》)的命题,"几"即环境,是说任何物种都有一定的生长地势、环境和条件。在更早的《诗经》里,就有不少诗句反映了人们对植物与环境的依赖关系的认识。如"山有扶苏,隰有荷华;山有桥松,隰有游龙"(《诗经·郑风·山有扶苏》),说明扶苏和桥松生长于干爽的山上,而荷花和游龙(马蓼)则生长在低湿的地方。《诗经·大雅·公刘》中称:"相其阴阳,观其流泉,其军三单,度其隰原,彻田为粮。"就是说要选择水源充足、湿润的土地,才适宜辟为农田生产粮食。

### 2. 植物与水

春秋战国时期,我国古人对水在植物生长中的作用,甚至水与植物不同器官发育的关系,已有相当清楚的认识。《管子·水地》篇中称水"集于草木,根得其度,华得其数,实得其量",说明水是植物的根、华、实赖以生长的重要物质基础。当时人们不仅知道旱生与水生之分,而且知道不同的水分环境生长着不同的植物种类。《诗经·小雅·白华》

称"濄池北流，浸彼稻田"。水稻所需要的正是水可浸苗之地。

### 3. 植物与土壤、地势

关于植物生长与土壤的密切关系，在春秋战国时期的著作里也多有论述。《管子·地员》是一篇专门论述土壤与植被关系的文章。它把各地的土壤分为三等18类90种，分别说明了它们的特性和适宜的作物。如上等土壤中最好的3种是"粟土""沃土"和"位土"。粟土无干湿之患和泥泞板结之害，土质疏松，透水、蓄水性好，最适于粟的种植；沃土有五种，干而不坼裂，湿而不积水，持水性与透水性良好，适于植物生长；位土的水是青黑之色，无论高低保水性都很好。上等土还有"壤土""浮土"。中等土壤如"塥土""累然如仆累（蜗牛），不忍水旱……不若三土以十分之四"，说明塥土中有许多像蜗牛状的砾石，不耐水旱，作物产量比3种上等土壤低十分之四。下等土如"鷇土"，贫瘠不耐水旱，只适于种植些豆类和果木。在这些论述中，都把持水性、透水性的好坏作为评价土壤的主要标准，这与现代理论是一致的。

关于土地的合理利用，文称："凡地之所载，纷纷纭纭，无所不有。而重视五土之辨，九谷之宜，盖将以养万民之生，尽万物之性也。""五土"即山林、川泽、丘陵、坟衍、原隰五种地形；"九谷"指黍、稷、秫、稻、大麦、小麦、大豆、小豆、粱。说明土地上生长的植物、动物品种繁多，一定要辨明土质施种谷物，才可获得好收成，养活万民。

《管子·地员》篇还举出一个十分精彩的例子，列举了12种植物随地势高下的顺序分布，说明了"草土之道"。文中说："凡草土之道，各有谷造，或高或下，各有草土（物）。叶（荷）下于蘩（菱或茭白），蘩下于苋（莞），苋下于蒲（香蒲属），蒲下于苇（芦苇），苇下于蓷（旱生之苇），蓷下于萎（萎蒿），萎下于荓（胡枝属，扫帚菜），荓下于萧

（蒿属），萧下于薜（薜，莎草类），薜下于萑（萑，益母草），萑下于茅（白茅）。凡彼草物，有十二衰，各有所归。"这里从低到高、由"叶"到"蘙""苋""蒲""苇""蘜""蒌""茾""萧""薜""萑"到"茅"，从深水到高陵，从水生到陆生，准确地说明了水生植物、湿生植物、中生植物、旱生植物在不同地势环境中的分布。现在看来，从"叶"到"苇"是低湿地的草本植物，属草甸土的成土范畴；从"蘜"到"茅"，是高地的草本植物，属草原土的成土范畴。这表明了"草"与"土"之间存在着密切的关系，有什么土壤，才有什么植物。

在《尚书·禹贡》中，也叙述了"九州"的不同土壤和植物分布生长的关系。如说明兖州（鲁西）为灰棕壤，草茂树高；徐州（苏北与皖鲁交界处）属棕壤，草木丛生；扬州（江、浙、皖南）为湿土，草丰茂，树木多高大的乔木。

### 4. 植物与阳光、气温、空气

对植物生长与阳光的关系，春秋战国时期已有清楚的认识。《诗经·大雅·公刘》中已记载人们规划农田时要选择向阳的地块："既景乃岗，相其阴阳。"阴、阳分别指背阴和朝阳之地。《诗经·大雅·卷阿》说"梧桐生矣，于彼朝阳"，说梧桐生长良好的原因在于朝阳。《左传》云"松柏之下，其草不殖"，说明松柏林下阳光不足而草不茂盛。《荀子·劝学》篇说："蓬生麻中，不扶自直。"飞蓬是一种菊科野草，在光线充足的地方长势散乱，向四面八方争受光照；而在长得又高又快的大麻间隙里，被迫直立上长，以争取更多的阳光。这里

飞蓬

飞蓬常生于山坡草地，对环境选择不严，主要分布于中国西南、东北地区，飞蓬容易栽培，生命力强，且具有一定的观赏价值。

已经认识到了植物争夺阳光的现象，即懂得了无论作物或野草，只有受到充足的阳光照射，才能良好地生长。

对于植物的生长与温度的关系，古人最早是根据植物叶子的春萌、夏荣、秋陨的现象认识到的。《夏小正》中已有多处记载。《诗经·豳风·七月》中也有"四月秀葽""十月陨萚"，即四月狗尾草抽穗，十月树叶凋落的现象。

植物需要呼吸，绿色植物的光合作用又需要二氧化碳，所以空气对大多数陆生植物的生长有重要作用。古人早就知道农作物之间要有一定的距离使空气流通。《诗经·大雅·生民》和《诗经·王风·黍离》中提到"禾役穟穟"和"彼黍离离"，都是说禾谷一行行纵直通达，这是为了便于管理和使庄稼通风透气。在《吕氏春秋·任地》中明确提出了"子能使子之野尽为泠风乎？"强调了农田的通风问题；接着在《辨土》篇中指出："既种而无行，耕而不长，则苗相窃也。"然后具体回答了使庄稼通风（和透光）的方法和作用："茎生有行，故速长；弱不相害，故速大。衡行必得，纵行必术，正其行，通其风。夬心中央，帅为泠风。"这就强调了把作物种成行列的重要性，说明西周以来我国在农业上已普遍实行条播了。不过，大风对植物的生长是不利的，这种情况在当时的著作中也有记载，如《五藏山经》的《东次三经》中有："无皋山，无草木，多风。"

地势的高低，地形的起伏，往往使气温、光照、水旱情况及土壤等都发生变化，从而使植物的生态条件也发生了综合的变化，直接影响到植物的分布和生长发育。前面已述及《周礼·地官》中已记载了不同地形上生长的植物的不同；《管子·地员》在谈及九州的土壤时，也讲到了不同地形上植物种类的差异。如"其山之浅，有茏与斥（芹）；其山之枭（阜），多枯苻榆；其山之末（半），有箭与苑；其山之旁，有彼

**贝母**

贝母为百合科贝母属植物，主要分布于北半球温带地区，在我国主要分布于青海、四川、浙江等地。

黄虻。"这是说山中浅水处有茇芹等水生植物，山阜之地有榆属树木，山腰处有悬钩子属植物，山边上则生长着葫芦科的贝母。

### 5. 植物分布界线

春秋战国时期，人们还获得了关于我国第一条植物分布界线的认识。《考工记》载："橘逾淮而北为枳……此地气然也。"在《晏子春秋》卷六中也有："婴闻之，橘生淮南则为橘，生于淮北则为枳，叶徒相似，其实味不同。所以然者何？水土异也。"这是说橘子只能生长于淮河以南，如果把它移到淮河以北，就会变成另一种植物枳了。为什么会如此呢？就是因为淮河南北的"地气"或"水土"不同，即包括气候、温度、水分、土壤、光照等条件在内的地理环境是有差异的。现在我们知道，在地理学上，秦岭、淮河是我国暖温带和亚热带的分界线。像竹子、茶叶、柑橘等亚热带植物，只有在这条分界线以南才能良好地生长。《考工记》等第一次明确提出了这个植物分布界线的思想，是很可贵的，它完全符合科学道理。当然，橘变为枳的说法是不准确的，它们虽同是芸香科，但并不同属，在形态结构、对环境条件的要求和地理分布上也不相同；它们的叶子也不相似，桔具有单叶，枳则为具有三个小叶的复叶，用简单易地的方法使它们发生转变，是不可能的。另外，在关于植物生态的知识方面，我国古人对植物间的相互关系，也早就取得了不少直观的认识。《诗经》中就记载有植物的寄生现象。如"茑与女萝，施于松柏……茑与女萝，施于松上"（《诗经·小雅·頔弁》)。女萝即松萝，附生在针叶树上。

## （四）动物生态知识

春秋战国时期，有关动物生态学的知识，即动物与周围环境的关系的认识，有了更深入的观察与概括，有的已初步提高到理论认识的水平。人们认识到，每一种动物都有一定的栖息环境，并对周围环境中的各种自然因素如水分、温度、光照等产生一定的反应。

### 1.动物与非生物环境的关系

很多动物都栖息在山林、水域，这在古籍中有大量反映。如《诗经》中的一些诗句，便说明了鹤和大雁生活在沼泽地，鱼生长于有水藻的池泽，蝉生活在柳树茂盛的地方，黄鸟栖息在灌木丛中。

《荀子·致土》篇也指出："川渊者，龙鱼之居也；山林者，鸟兽之居也。"说明鱼类和鸟兽栖息环境之不同。进而又指出："川渊深而鱼鳖归之，山林茂而禽兽归之"；反之，"川渊枯则龙鱼去之，山林险则鸟兽去之"。这又说明了环境条件的好坏影响到动物的存亡。

在对动物与水的关系的观察中，人们还发现了动物的形态构造与生存环境的适应关系。《庄子·骈拇》篇讲道："凫胫虽短，续之则忧；鹤胫虽长，断之则悲。"说凫（游禽）足短，正适于在水中游泳觅食，足长了反而不利于游泳；相反，鹤（涉禽）足长，正适于在浅水中行走捕鱼，足短了则不利于涉水逐鱼了。

关于水对动物的重要意义，《管子·水地》篇把水看作"诸生之宗室（本原）"，说："水，鸟兽得之，形体肥大，羽毛丰茂，文理明著。"说明动物靠水才得以正常地生长发育。人们还观察到不少动物对天将雨的反应。《孔子家语·辩政》中讲了一个故事，说有一足之鸟，飞集于齐宫殿前，舒翅而跳，齐侯怪而遣使请教于孔子。孔子回答说："此鸟名曰商羊，水祥也。昔童儿有屈其一脚，振讯眉眉而跳，且谣曰：天将大雨，商羊鼓舞。"(《孔子家语》卷二十七）商羊虽然是一种被神化了的鸟类，但这个传说却反映了古人早已知道鸟类对将雨的天气会有反应的。

气温对动物生长和活动的影响，特别是各种动物的活动方式随一年内四季的变更而发生的周期性变化，如候鸟的南北迁徙，鱼类的繁殖和活动范围的改变，兽类的换毛和冬藏等，古人早就有了很多了解。《夏小正》《尚书·尧典》《诗经·豳风·七月》以及《吕氏春秋》等著作中所记载的许多物候现象，都反映了这些知识内容。

关于昼夜以及月望、月晦的变化对动物活动的影响，春秋战国时期也有记载。《庄子·秋水》篇有一段议论说："鸱鸺夜撮蚤，察毫末，昼出瞋目而不见丘山，言殊性也。"鸱鸺为角鸮类鸟，它与一般在白昼活动的鸟不同，夜间视物清晰，可以取蚤而食，白天却什么也看不见，《庄子》把这归为鸟类不同的特性所致。《吕氏春秋·精通》篇还记载了月亮的圆缺变化对某些海洋动物生育活动的影响："月也者，群阴之本也。月望则蚌蛤实，群阴盈。月晦则蚌蛤虚，群阴亏。夫月形乎天，而群阴化乎渊。"这里记载的蚌、蛤等水生动物体内肉质随月望而充实、月晦而空虚的现象是符合事实的；实际上此类动物的生殖腺在月望时增大，表明生殖期到来。由于古代把月亮和水生动物都看成是属阴的，所以上述这段记载不仅指出月相变化对蚌、蛤生殖活动的影响，而且还推广到月亮对所有水生动物（"群阴"）的普遍影响，即所谓"月形乎天，而群阴化乎渊"。汉代以后的《淮南子》《论衡》等著作中也多有此类记载。发现月相变化对水生动物的影响，是我国古代动物学上的一个重要成果。

一般说来，动物受地形的影响比植物为小，不过还是有一些相关性的。《周礼·地官·司徒》中已提出了不同地形适宜于不同动物的生活，如："山林，其动物宜毛物"；"川泽，其动物宜鳞物"；"丘陵，其动宜羽物"；"坟衍，其动物宜介物"；"原隰，其动物宜赢物。"即山林多走兽，江湖多鱼类，丘陵多飞鸟，水边低地适于水居陆生动物，平原地区最适合人类生活。这段论述虽然还较粗糙，也不完全正确，但说明当时人们已经根据生态学的观点去观察生物界了。

这诸多无生命界的因素综合作用的结果，使动物也呈现出一种地理分布状况。随着社会的发展和人们活动范围的扩大，我国古人逐渐认识到分布在各地的动物是不同的。《五藏山经》中记载了各个地域动物分布的差异。如《南山经》记载的动物有蝮虫（蛇）、䴕鱼、犀、兕、象、白猿；《东山经》记载的动物有麋、鹿、虎、蛇、蜃（蚌属）、文贝（贝类）；《中山经》记载的动物有牦牛、虎、豹、羬羊、羚羊、麋麞、麂、麝、兕牛、白犀、象、熊罴、蝮蜼、白蛇、鸮、翟、鸠等。《南山经》《东山经》与《中山经》中记载的这些动物多生活在热带、亚热带地区，与所论述的地理位置相符合。《西山经》记载的动物有肥𧊄（蝮蛇）、牦牛、毫彘、麢牛、熊罴、鹿、同穴的鸟鼠、鸮、赤鳖等，显示了温带和干旱地区的特色。《北山经》记载的动物主要有马、骆驼、牦牛、人鱼（鲵）等，为草原和干旱地区的动物。

○● 貉

貉是犬科貉属动物，已经被列入世界自然保护联盟"濒危物种红色名录"。

《考工记》中还提出了动物地理分布的界线问题，称："鹳鹆不逾济，貉逾汶则死，此地气然也。"鹳鹆即鸲鹆，俗称"八哥"，多生活在我国中、南部各省的平原和山林间。济水与今小清河河道略同，自洮口以下至海。上文说八哥只能留居于济水以南；貉是生活在北方的毛皮兽，不适宜生活在南方较暖的地区。汶今名大汶河，在山东西部，古汶水西流经东平县南至梁山东南入济水。上文说貉若越过汶水以南，就会因不适应较暖的气候而死亡。济、汶这条古代动物地理分布界线，与现在我国动物地理区划中古北界里的华北区的南界（秦岭、淮河）大致相当，说明《考工记》所讲的这条动物地理分布界线很有科学价值。

### 2. 动物之间的相互关系

我国的古籍里，有不少关于动物之间相互关系的记载。《诗经·小雅》中载有关于动物的寄生现象："螟蛉有子，蜾蠃负之"，即螟蛉的小幼虫被蜾蠃带走的现象。经过历代药物学家的观察研究，才弄清楚这是一种寄生现象，即蜾蠃产卵于螟蛉身上，靠螟蛉身躯长育，最后食之而出。我国古人还巧妙地利用这种寄生关系来防治螟蛉虫害。

动物的共栖现象，早在《尚书·禹贡》中就有记载说："导渭自鸟鼠同穴。"这里说的"鸟鼠同穴"是山名，是说渭水流域有鸟鼠同穴的山区。《五藏山经·西山经》也有："（邽山）又西二百二十里，曰鸟鼠同穴之山。"《尔雅·释鸟》篇解释说："鸟鼠同穴，其鸟为鵌，其鼠为鼵。"这是最早指出的同穴共居的鸟鼠的名称。这一现象是否真的存在，历史上有过长期争论，因为这种现象多出现在我国西北边远地区，人们知之不多，所以怀疑它的真实性。但后来不少人，如后魏时前往取经的和尚惠生，公元607年隋炀帝杨广和文人牛弘，明代充军甘肃的岳正，清代文人宋琬和方观承等，都亲眼看到过这一现象。刘宋时的段国在《沙州记》里说："寒岭去大阳川三十里，有雀鼠同穴，雀亦如家雀，色少白；鼠亦如家鼠，色如黄鼬，无尾……"方观承1733年随军出征蒙古时所写《从军杂记》写道："鸟鼠同穴，科布多河以东遍地有之。方午鼠蹲穴口，鸟立鼠背……鼠名鄂克托奈，译曰野鼠，色黄。雀名达兰克勒，译曰长胫雀。"

在《庄子·山林》篇中记载了不同种类的动物之间为了获得食物而存在激烈斗争的现象。说一天庄周来到雕陵栗园，看到一只翅膀宽广、眼睛圆大的异鹊停在栗林中，庄周执弹欲射，忽见一蝉方得美荫而忘其身，被藏在树叶后的螳螂捉得；螳螂也因获得猎物而忘其形，不知已被异鹊发现而为异鹊利之；异鹊见利而忘其身，不知自身已陷于被庄周弹杀的危险之中。庄周见此情景而感叹说："噫，物固相累，二类相召也"，遂弃弹而走，不想被管林的虞人当作偷栗者"逐而谇之"。这个故事生动地说明了人窥人、人弹鹊、鹊食螳螂、螳螂捕蝉等激烈竞争的关系，即"虞人—庄周—异鹊—螳螂—蝉"之间的相互制约的链锁关系，也就是包括人类在内的生物之间"相累—相召"的关系，实际上蕴含着"自然－社会复合生态系统"的萌芽认识。在动物的生存斗争中，为了适应环境、躲避敌害或迷惑对方，不少动物还逐渐形成了与环境相似的保护色，甚至可以随环境而变化其体色。《晏子春秋》外篇中记有"尺蠖之食方，食苍则苍，食黄则黄"。

## （五）生物资源的合理利用与保护

我国古人很早就懂得了保护生物资源、合理开发利用生物资源的重要性。在先秦古籍中，就有不少有关这一论述和政策的记载。

如关于开发山林资源的问题，《周礼·地官》中说"山虞仲冬斩阳木，仲夏斩阴木"。《管子·立政》称："山泽救于火，草木殖成，国之富也"，"修火宪（制定禁烧山林的法令），敬山泽，林薮积草。夫财之所出，以时禁发焉。"说明保护山林与富国生财的关系。《管子·法禁》说："工尹伐材用，毋于三时，群材乃植。"《管子·八观》指出："山林虽广，草木虽美，禁伐必有时。"《管子·轻重》甚至戒曰："为人君而不能谨守其山林菹泽草菜，不可以立为天下王。"就是说不能保护自然生态的人，是没有资格当一国之王的。

《孟子》曰："斧斤以时入山林，林木不可胜用也。"荀况更进一步阐述说："山林泽梁，以时禁发"；"杀生时，则草木殖"；"草木荣华滋硕之时，则斧斤不入山林，不夭其生，不绝其长也"；"斩伐养长不失其时，故山林不童，而百姓有余材也"；"修火宪，养山林薮泽草木鱼鳖百索，以时禁发，使国家足用，而财物不屈，虞师之事也"（均见《荀子·王制》）。这就全面地论述了禁止乱砍乱捕，保护和有计划地以时开发利用生物资源对于富国富民的重要意义。

《吕氏春秋》具体记载了保护植物资源的政策："制四时之禁，山（非时）不敢伐材下木"；"正月禁止伐木"；"二月无焚山林"；"三月命野虞无伐桑柘"；"四月无伐大树"；"五月令民无刈蓝以染，无烧炭"；"六月树木方盛，乃命虞人入山行木，无或斩伐，不可以兴土功"；"九月草木黄落，乃伐薪为炭"；"十一月日短至，则伐林木取竹箭"。这些记载包括了不得违时砍伐山林，伐薪烧炭；不得烧山；不得在树木正长时兴土功；还包括了要派人巡山护林等多种法规和措施。

《管子·度地》篇还记载了在河堤上"树以荆棘，以固其地，杂之

《吕氏春秋》

《吕氏春秋》又称《吕览》，是在吕不韦的主持下，集合门客编撰的一部杂家名著。

以柏杨，以备决水"的造林护堤的措施。

在动物资源方面，秦汉以前就认识到了乱捕、乱猎的危害，制定了依时开发的法令。《荀子·王制》称："养长时，则六畜育"；《吕氏春秋·孟春纪》称："是月也，毋覆巢，毋杀孩虫、胎夭、飞鸟，毋麑（鹿子曰麑）、毋卵。"这是说初春这个月，不要翻鸟巢，不要捕杀动物幼崽和怀胎的狗，不要捕捉飞鸟、幼鹿，不要掏鸟卵，这样才能使鸟兽繁殖成长。《礼记·月令》规定初夏不得大事捕猎，初冬才可撒网捕鱼。这些认识和法规，今天仍有借鉴的意义。

八、中医理论的初步创立

## （一）经验医学知识的积累

一般认为，春秋战国以前是我国"巫医结合"的时期。随着医学经验知识的积累，逐渐发展形成了一门具有我国自己的思想特色和理论体系的传统医学科学。

### 1. 巫、医的斗争

在疾患的治疗上，西周时期巫医的势力还是很大的。到春秋时代后期，由于周天子威望扫地，出现了对"帝"和"天帝"迷信的动摇，巫医的影响也日渐衰落。在关于生命、疾病和死亡等问题上，逐渐出现了用自然界的物质原因作出说明的思想。如公元前541年晋平公患病，郑国的子产就认为是"出入饮食哀乐之事也，山川星辰之神又何与焉？"齐国大夫晏婴也说齐景公的病是"纵欲厌私"所致，祈祷是无用的。战国后期的荀子、韩非子更决断地说："养备而动时，则天不能病"；"用时日，事鬼神，信卜筮而好祭祀者，可亡也！"据《吕氏春秋·知接》篇记载，管仲说过："死生命也，苛病失也。君不任其命、守其本，而恃常之巫，彼将以此无不为也。"《吕氏春秋·尽数》称"近世尚卜筮祷词，故疾病愈来"，意思是说用卜筮治病，疾病就愈发猖獗了。

这种时代的气氛，在巫的身上也反映了出来。《山海经·大荒西经》载："大荒之中……有灵山，巫咸、巫即、巫盼、巫彭、巫姑、巫真、巫礼、巫抵、巫谢、巫罗十巫从此升降、百药爰在。"《山海经·海内西经》载："开明东，有巫彭、巫抵、巫阳、巫履、巫凡、巫相……皆操不死之药以距之。"这说明巫咸、巫彭等虽然"索隐行怪"弄神弄鬼，但也不得不"采访百药"和用"不死之药"来医治病患。

**2. 对疾病的认识**

春秋时期到战国初期，我国还没有专门的医学著作，只是在一些典籍中零散地记载了一些对疾病的认识和药物知识。

《诗经》中已出现了40余种古代疾病的名称，并说明了不少疾病的症候。如痛（人疲不能行走）、闵（伤痛）、狂（精神分裂症）、痗（忧伤）、噎（气息不利）、疚（心忧惫病）、瘼（瘵，结核病）、癫（癫狂）、矇（视物不明）、瞽（盲）等。《易经》中记有"妇孕不育"（流产）、"妇三岁不孕"（不孕症）、"往得疑疾"（精神病）等。尤其是《山海经》中记载了38种疾病，大都根据疾病的特点给出了固定的病名。如瘕疾、瘿、痔、痈、疽、疥、痹、风、疟、狂和疫疾等23种；明确记载症状的有腑（腑肿）、腜（大腹）、腹痛、呕、嗌痛、聋等12种；另有3种如肿病、腹病、心腹之疾，病名较笼统。《周礼》中还记有肿疡、溃疡、金疡、疟疾、疥、痁、瘅疽、足肿病、佝偻病（"黑而上偻"）、秃头、胼胁等疾患。这些记载反映了对疾病认识的进步。

### 3. 人体结构知识

这一时期的不少文献中，记载了一些对人体结构的认识的简单知识。如《管子·水地》篇有关于五脏（脾、肺、肾、肝、心）、五肉（膈、骨、脑、革、肉）、九窍（口、鼻、目、耳、窍）的记载。《吕氏春秋·达郁》篇称凡人有三百六十节、九窍、五脏、六腑、肌肤、血脉、筋骨。《韩诗外传》释六腑曰："何谓六腑？咽喉量入之府，胃者五谷之府，小肠转输之府，小肠受盛之府，胆积精之府，膀胱液之府也。"（见《太平御览·人文部第四》）《内经》明确提倡对人体进行解剖。《灵枢·经水》说："若夫八尺之士，皮肉在此，外可度量切循而得之，其死可解剖而视之，其藏之坚脆、腑之大小、谷之多少、脉之长短、血之清浊、气之多少……皆有大数。"《灵枢·肠胃》中记载，人的大小肠的长度与食管长度的比例为35∶1，与现代解剖所得比例37∶1基本相符，说明当时确实已通过解剖来认识人体内脏的结构了。由上述记载可以知道，战国时代对人体的宏观构造如皮肤、骨骼、肌肉、血脉、肌腱、关节、五脏、六腑、九窍等，都已有了大体上正确的认识，为进一步探讨人的生理功能奠定了基础。

### 4. 药物知识的积累

春秋时期，治病所用药物的品种增多起来，用药的经验也日益丰富。《周礼·天官》所称的"五药"，指草、木、虫、石、谷，这可能是对药物的初步分类；文中还记载有用"五毒"（胆矾、丹砂、雄黄、礜石、磁石）炼制外用腐蚀药，这可能是我国古代使用化学药物的最早记录。

《诗经》中记载的大量动植物，有100余种都作为药物收录后世有关本草著作之中，如芣苢（车前）、蕛（泽泻）、葛（葛根）、薇（白薇）、芩（黄芩）、虻（贝母）、莨（白芷）、萑（益母草）、壶（葫芦）、

茅菪

茅菪是多年生草本，其主要功效有利尿、清热、止咳等
作用，还可以作为猪的食物。

雄黄

雄黄主要分布于贵州、湖南、湖北等地，有燥湿、祛
风、杀虫、解毒等功效。

门冬

门冬是百合科植物麦冬或沿阶草的块根。

木瓜、枣等。对其中一些植
物的食用作用也有说明，
如说茅菪"食其子，宜子
孙"，即有利于妇女生育。

《山海经》中记载的植
物、动物和矿物药物最为丰
富，并明确说明了它们的功
效。种类达120多种，包
括动物药67种，植物药52
种，矿物药3种，水类药1
种，还有几种类属不明的；
按其功能又分为补药、毒
药、解毒药、醒神药、杀虫
药、预防药、避孕药、美容
药、兽药等。除此之外，还
记有如桂、杞、桔梗、麋、
雄黄、芍药、薯蓣、术、门
冬等60余种药名，只是没
有关于它们的功效的说明。
特别可贵的是，《山海经》
还对植物药的根、茎、叶、
花、实，动物药的喙、翼、
足、尾等不同部位在疗效和
使用方法上的差异作了详细
说明。如《西山经》中说浮

山有草"名曰薰草,麻叶而方茎,赤华而黑实,臭如蘼芜,佩之可以已疠"。关于用药的方法,《山海经》记述有食、服、浴、佩、带、涂、抹等,如说"食之无疾疫""食之可御疫""食之不蛊""服之不狂"等。

### 5. 早期的预防保健思想

在对疾病认识的基础上,我国古人逐渐产生了预防疾病、保持个人卫生的思想。

夏商时代,人们已有洗脸、洗手、洗脚的习惯。《礼记》中已有了人们定期洗澡、洗头的记载,还认识到"头有创则沐,身有疡则浴"的治疗意义。

《礼记》中提出了对病者要"内外皆扫,彻亵衣,加新衣",即更换内外衣;《易经·遁卦》中还提出了在疫病流行时应远离回避,以防传染。

在饮食和养生方面,《易经》中说,"能协于天地之性,虽得疾病,常可不死"。春秋末期的老子把"恬淡虚无,少思寡欲"作为养生的基本宗旨。孔子也强调淡泊名利、生活简朴和保持恬静的心态,他在回答鲁哀公如何长寿的问题时说:"人有三死,而非其命也,己取也。"第一种便是"寝处不适,饮食不节,逸劳过度者,疾共杀之"。孔子还指出不同年龄的人要注意不同的问题:"君子有三戒,少之时,血气未定,戒之在色;及其壮也,血气方刚,戒之在斗;及其老也,血气既衰,戒之在得(贪求)。"(《论语·季氏》)在日常生活方面,他主张"食不厌精,脍不厌细",食物腐败、变色、臭恶、失饪,不时者皆"不食";还讲究用姜、酱、醋之类的调味品。

《礼记》主张饮食要与季节变化相适应,"春多酸,夏多苦,秋多辛,冬多咸"。《吕氏春秋·尽数》篇指出:"大甘、大酸、大苦、大辛、大咸,五者充形,则生害矣;大喜、大怒、大忧、大恐、大哀,五者接神，则生害矣；大寒、大热、大燥、大湿、大风、大霖、大雾，七者动精，则生害矣。"指出过甘、过酸等皆害形，过喜、过怒等皆害神，过寒、过热等皆害精。所以"凡养生，莫若知本，知本，则疾无由至矣"。所谓"知本"，就是要懂得致病之因而加以预防。文中以"流水不腐，户枢不蠹，动也"为立论的根据，指出"形气亦然，形不动则精不流，精不流则气郁"，气郁则引起头、目、耳、鼻、腹、足等多种疾病，所以人们要经常活动形体；同时，"凡食，无强厚味，无以烈味重酒"，"食能以时，身必无灾"。《庄子·刻意》篇也宣扬"道引之士，养形之人"的"吹呴呼吸，吐故纳新，熊经鸟申"的养生活动。《吕氏春秋·古乐》篇称："民气郁阏而滞着，筋骨瑟缩不达，故作为舞以宣导之"，即以舞蹈使民防疾健身。

在婚姻制度上，当时也有了一些合理的主张。《礼记》称"三十曰壮，有室"；《周礼》称"男三十娶，女二十嫁"，还说"礼不娶同姓"；《左传》称"男女同姓，其生不蕃"；《晋语》有："同姓不婚，恶不殖也。是故娶妻避其同姓"。这些晚婚优生的认识，都是符合科学道理的。

在环境卫生上，《周礼》《诗经》中记载有除虫灭鼠的方法，如抹墙、堵洞、药熏、洒灰、扫房屋等。《周易》中有"井者法也"的记载，说明当时为保护井水的清洁，甚至要采用法律的手段。《管子·禁藏》中还有"易水"的记载，说"春三月……杼井易水，所以去兹毒也"。说春季要清挖井中的积垢淤泥，排除积水，换以新水。另外，《诗经》《左传》《周礼》中还有不少冬季贮藏天然冰以供夏日应用的记载。在古代建筑遗址中，也发现了春秋时期修建的冰窖和贮存食物的冷藏井。这么高水平的卫生保健措施，在世界医学史上是罕见的。

## （二）中医理论的形成

在医学实践知识积累的基础上，人们开始了对疾病的原因以及疾病的诊断与治疗的系统探索，医学理论开始萌芽。到战国末期，以生理学说、病理学说和诊断治疗为基本内容的中医理论，大致形成了一个比较完整的系统。

### 1. 精、气、神的生理学说

中医的生理学说，与对生命的起源以及生命现象的本质的理解是密切联系着的。古人认为，一切有形的东西都是由无形的东西"气"变化而来的，人也是由"气"生成的。《庄子·知北游》说"人之生，气之聚也，聚则为生，散则为死"，《管子·心术下》说"气者身之充也"，《管子·内业》说"气通乃生，生乃思，思乃知，知乃止矣"，即认为人的生命来源于"气"，甚至人的思维也是由气的活动实现的。

"气"也被称为"精气"。《管子·内业》说人的精气来源于天气，人的形体来源于地气。《管子·水地》篇具体说明人经十月长成出生的过程说："人，水也，男女精气合而水流形。三月如咀，咀者何？曰五味。五味者何？曰五脏：酸主脾，咸主肺，辛主肾，苦主肝，甘主心。五脏已具，而后生肉：脾生膈，肺生骨，肾生脑，肝生革，心生肉。五肉已具，而后发为九窍：脾发为鼻，肝发为目，肾发为耳，肺发为窍。五月而成，十月而生。"这是说男女的精气合成水样的流体，经三个月形成包含五味的"咀"，再形成五脏，生出"五肉"、九窍，五个月形成完整的人体，十月长成生出。这个过程虽有臆造的成分，但表明当时已试图以统一的"精气"来探讨人体的生成这个重大问题了。《管子·内业》还指出，这种精气充满人体，人就能维持正常的生理功能："精存自生，其外安荣，内脏以为泉源。浩然和平以为气渊，渊之不涸，四体乃固，泉之不竭，九窍遂通。"说明人的内脏、四肢、九窍的活动，都是以精气为泉源的。

此外还存在所谓"神"。《易经·系辞上》称："阴阳不测谓之神。"《吕氏春秋·下贤》篇曰："精充天地而不竭，神覆宇宙而无望。莫知其始，莫知其终，莫知其门，莫知其端，莫知其源。其大无外，其小无内。"《荀子·天论》说："列星随旋，日月递炤，四时代御，阴阳大化，风雨博施；万物各得其和以生，各得其养以成；不见其事，而见其功，夫是之谓神。"这些论述说明，"神"和精气一样充溢宇宙，大到无边无际，小到没有内部结构，以其不可测知的作用支配着世界上万事万物的生成变化。《管子·内业》还进一步指出："神"也是一种特殊的气或气的属性，它是事物发展变化的一种内在的、能动的作用；在人，则表现为人的精神作用。

气、精气和神三者结合起来，形成对生命现象的总理解。《管子·内业》强调"气"通和"精"存；《吕氏春秋·尽数》强调形、神、精、气的充实和正常活动，并说："精神安乎形，而年寿得长焉。"在《吕氏春秋·先己》篇中又说："用其新，弃其陈，腠理遂通。精气日新，邪气尽去，及其天年。"这是说精气新陈代谢活动的正常进行，腠理肌脉遂通利不闭，就会保证正常的生命活动。

### 2. 气血、经络、心志学说

《吕氏春秋·达郁》篇一开头就对人体的生理结构作了一个概括的说明："凡人三百六十节、九窍、五脏、六腑。肌肤欲其比也，血脉欲其通也，筋骨欲其固也，心志欲其和也，精气欲其行也。若此，则病无所居，而恶无由生矣。"这段话虽很简短，却是中医生理学说的中心内容。

上文指出，人的机体是由肢节、肌肤、筋骨、官窍、五脏、六腑等固形器官和组织构成其基本构架的。"比"为依附，所有的器官组织都要通过肌肤紧密联结起来，相互适应、相互协调。

"血脉"包括血液和血管，对它的作用强调一个"通"字，这里隐含有对血液循环的初步认识。对"精气"，强调它的运行，因为人的肢体活动、血液流通、脏腑器官的作用等都是靠精气的运行来激活的。"气血"说也成为中医理论的一个重要组成部分。因为当时人们认为机体的少、壮、衰老，都是由气血决定的。《论语·季氏》讲到了人在少年、中年和老年的不同时期气血的兴衰变化，《国语》则称："若血气强固，将寿。"

气血运动的结合，可能是产生"经络学说"的基础。"经络"的概念在《史记·扁鹊仓公列传》中有记载，可能在战国时期已经形成了，不过当时还未得到普遍的流行。至于经络学说体系具体是如何形成的，为什么能在战国末期一个很短的历史时期内突然出现并达到那么完善的地步，至今尚未得出一个令人信服的解释。不过，经络学说一经提出，对

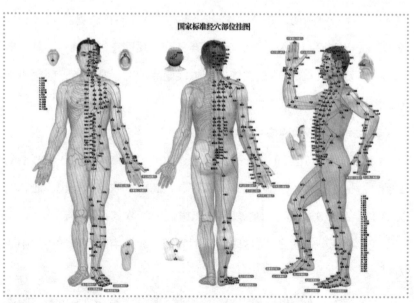

经络学说

经络学说是研究人体经络的生理功能、病理变化及其与脏腑相互关系的学说。

中国传统医学理论的基本特征和发展方向，都起到了十分重要的作用。

中国古人把人的精神活动归之于"心"。所谓"心志"，包括人的思维活动和喜怒哀乐等情绪变化。所谓心志的"和"，是指各种不同的精神活动以及精神活动与其他生理机能之间，都要平衡协调。《管子·心术上》说："心之在体，君之位也，九窍之有职，官之分也。……心也者，智之舍也"；《管子·内业》又说："我心治，官乃治；我心安，官乃安。治之者心也，安之者心也"。这都强调了"心志"对人体一切器官活动的支配作用。所以《管子·内业》中主张："不以物乱官，不以官乱心"；"平正擅匈，论治在心，此以长寿"。这也是中医在病因学说上强调精神状态和情绪变化的重要性的根据，这可以说是对高级神经活动与内脏机能之间相互作用关系的朴素认识。

### 3. 脏器机能与"五行"关系的学说

"五行"说在医学上的应用，主要是五行配五脏说。前文已提及《管子·水地》篇中关于五味、五脏和五肉的关系的论述。《管子·幼官》篇又把四时与五方（中、东、南、西、北）、五色（黄、青、赤、白、黑）、五味（甘、酸、苦、辛、咸）、五音（宫、商、角、徵、羽）、五气（和、燥、阳、湿、阴）、五类（倮、羽、毛、介、鳞）等联系起来。《吕氏春秋》"十二月纪"则把春夏秋冬四季和角徵商羽、酸苦辛咸、脾肺肝肾、青赤白黑、木火金水等联系起来。这里因为是以四时立论的，所以各种事物都只谈到"四"，实际上所反映的也是五行与五音、五味、五脏、五色之间的联系。《周礼·天官》也讲到了酸、辛、咸、苦、甘、滑与骨、筋、脉、气、肉、窍的关系，实际上也是讲五味和机体组织之间的关系。这些材料都表明，春秋战国时期，在五行学说的影响下，人们把身体内的五脏、官窍、组织与五色、五味、五气、五液、五音、五行、四时等相互关联配合起来，这成为中医理论体系中的一个重要特色。不过，在当时的各种典籍中，这种配合并不一致，大约有四五种不同的配置方法。如《周礼·天官》是酸骨、辛筋、咸脉、苦气、甘肉；而《管子·水地》则是酸膈鼻、咸骨窍、辛脑耳、苦革目、甘肉舌。心脏今文属"火"，《管子》等书则把心归属于"土""水"或"木"。这种不统一，正说明它尚处于创立阶段，其中包含着种种臆造成分更是必然的了。

### 4.病理学说·医和

疾病发生的原因是什么？春秋战国时期人们已开始从气候变化、自然环境、饮食起居、情欲哀乐等方面来进行探讨了。

医和
医和是我国古代最早提出六淫致病的人，他的观点反映了当时对疾病病因的认识水平。后世多用医和来指良医。

公元前541年晋侯平公患病，时郑国大夫公孙侨（子产）至晋，卜人说晋侯之病是由山川星辰之神"实沈""台骀"作祟引起的，子产则说是由饮食哀乐不节招致的，与鬼神无关，并说"内官不及同姓，其生不殖"。因晋侯甚至把同族女子也收为内官淫乐鬼混。当时秦国良医医和被聘赴晋为平公治病。《左传·昭公元年》记载这件事曰："晋侯有疾……求医于秦，秦伯使医和视之。曰疾不可为也，是谓近女室。疾如蛊，非鬼非食，惑以丧志。……公曰：女不可近乎？对曰：节之……天有六气，降生五味，发为五色，徵为五声。淫生六疾。六气曰阴、阳、风、雨、晦、明也。分为四时，序为五节，过则为菑（灾）。阴淫寒疾，阳淫热疾，风淫末疾，雨淫腹疾，晦淫惑疾，明淫心疾。女（指房事），阳物而晦时，淫则生内热蛊惑之疾。今君不节不时，能无得此乎？"这里医和除具体指出晋侯之病是过度沉溺于女色、情欲不节所致之外，特别重要的是提出了"六气致病说"。他将四时不正、六气太过看作是致病的重要原因。这里已包含了以四时、五节、六气等气候变化为主要病因的概念，是后世形成的风、寒、暑、湿、燥、火"六淫病源"说的基础。阳淫热疾、阴淫寒疾的说法，即后世"阳盛则热，阴盛则寒"的病变学说的先导。从医和的话中还可看出，当时阴阳、五行学说已渗入医学基础理论之中；五味、五色、五声的概念给后来的诊断、药理学说的形成奠定了基础。

季节、气候的变化与人体健康之间有一定关系的认识，早在西周时期已经出现了。《周礼·天官》记载："四时皆有疠疾，春时有痟首疾，夏时有痒疥疾，秋时有疟寒疾，冬时有嗽上气疾"，这是指四季的多发病。《礼记》中还有四时气候异常引起疾病流行的记载："（孟春）行秋令，则民大疫"；"（季春）行夏令，则民多疾疫"。

医和的"六气致病说"以及气候变化致病的认识，包含了中医理论的一个重要思想，即"天人相应"的观念。古人认为人和天地自然都来源于气，都受阴阳、五行规律的支配，所以人和天地自然是息息相通的。《礼记·礼运》称："人者其天地之德、阴阳之交、鬼神之会、五行之秀气也。……故人者天地之心也，五行之端也。"《管子·五行》称："人与天调，然后天地之美生。"《淮南子·天文训》更明确地说："跂行喙息，莫贵于人。孔窍肢体，皆通于天。天有九重，人亦有九窍；天有四时以制十二月，人亦有四肢以使十二节；天有十二月以制三百六十日，人亦有十二肢以使三百六十节。故举事而不顺天者，逆其生者也。"这些具体数字当然有牵强臆造之处，不过"天人相应"的思想对中医理论的影响却是很大的。

生活起居、水土环境致病的记载也多有出现。《庄子·齐物论》有："民湿寝则腰疾偏死。"《吕氏春秋·重己》称："室大则多阴，台高则多阳。多阴则蹶，多阳则痿。"

春秋时期，人们还认识到喜、怒、忧、思、悲、惊、恐等情志异常是疾病发生的重要原因。《吕氏春秋·情欲》称"百病怒起"。《管子·内业》称"思索生知，慢易生忧，暴傲生怨，忧郁生疾，疾困乃死"。中医非常重视精气血脉的流通和运行，一旦精气血脉的流通发生障碍，人当然就要患病了。《吕氏春秋·尽数》指出："流水不腐，户枢不蠹，动也。形气亦然，形不动则精不流，精不流则气郁。郁处头则肿为风，处耳则挶为聋，处目则眵为盲，处鼻则鼽为窒，处腹则胀为疛，处足则痿为蹶。"说明"气郁"会引起头、足、内腹的多种疾患。《吕氏春秋》其他篇中也多有强调"气不达"和"血脉壅塞"是致病和不得长生的原因。

### 5. 疾病的诊断和治疗·扁鹊

随着医疗知识的增长和巫医的衰落，专门以治疗疾病为职业的医生就出现了，如《左传》里记载的医和、医缓，就是当时秦国的良医。

《尸子》记载医竘也是秦国的良医，约为公元前5至4世纪的人。他曾"为宣王割痤，为惠王治痔，皆愈"；还给张子治"背肿"，也治好了。医竘可能是一个外科医生。

《吕氏春秋·至忠》篇记载齐湣王疾病，使人请宋国医生文挚治疗，文挚用激怒的办法"重怒王，王叱而起，疾乃遂已"。齐王的病治好了，文挚却被齐王"以鼎生烹"而死。

这一时期最著名的医学家是扁

扁鹊

扁鹊是春秋战国时期名医，与华佗、张仲景、李时珍并称中国古代四大名医，同时被称为华夏医祖。

中国历代科技史·春秋战国科技史

鹊。《史记》中为他专门立传,《战国策》《韩非子》《列子》《韩诗外传》中也有他的片段记载。扁鹊姓秦,名越人,又号卢医,"渤海郡郑人"(今河北任丘郑州镇人。又有说为齐国卢邑即山东济南长清区人),活动于公元前 4 世纪。年轻时曾跟长桑君学医,后长期在民间行医,是一个周游列国的专业医生,足迹遍及齐、赵、卫、郑、秦等国。他医术高超,技艺精湛,遭到秦国太医令李醯的妒忌而被谋杀。

扁鹊医术全面,兼通各科,"随俗为变"。在赵为"带下医"(妇科),在周为"耳目痹医"(五官科),在秦为"小儿医"(儿科)。在诊断上,扁鹊精通望色、闻声、问病、切脉,尤以望诊和切脉著称。《史记·扁鹊仓公列传》记载,他几次见到齐桓侯时,都曾根据他的气血变化判断他病在腠理,在血脉,在脏腑,直至发展到在骨髓,忠告他及时治疗,齐侯不以为然,延误了治疗,终于不救而亡。又记载赵简子病重"五日不知人",众人以为无可救治,扁鹊切脉后说:"血脉治也,而何怪?"认为脉象正常因而可愈,后赵简子果然痊愈。司马迁慨叹曰:"至今天下言脉者,由扁鹊也。"

在治疗方法上,扁鹊熟练地掌握和运用汤剂以及砭石、针灸、按摩、熨帖、手术、吹耳、导引等方法,按病情进行综合治疗。如为虢国太子治疗"尸蹶"(类似休克、假死)之症,就使用了针灸、熨帖、汤液等多种方法而获显效,被传为"起死回生"之术。扁鹊却说:"越人非能生死人也,此自当生者,越人能使之起耳。"《列子·汤问》篇甚至说他还做过给公扈和齐婴二人互换心脏的手术,这就把扁鹊神化了。扁鹊还提出了"病有六不治"的原则,其中有"信巫不信医不治",这也反映了当时医与巫的激烈斗争。

传说扁鹊曾著有《扁鹊内经》九卷和《扁鹊外经》十二卷。王叔和《脉经》中有"扁鹊论脉"的引文。西汉初年名医淳于意说过他从老师那里接受过"黄帝扁鹊之脉书"的话，可见扁鹊不但是个医生，而且也是一个医学著作家。司马迁说他为"方者宗"，扁鹊发明方剂和诊脉方法是有可能的，而他在这些方面的重大贡献则是完全可以肯定的。扁鹊的医术代表了春秋战国时期医学诊断与治疗的总体水平。

当时在认识疾病的基础上，积累了一些诊断经验，形成了一定的诊断方法。《礼记·曲礼》称"医不三世，不服其药"，说病人要向经验丰富的医师求医问药。《周礼·天官》说明诊病的方法是以"五气、五声、五色"的变化为主要征象，以"九窍"之变为辅助，以"九脏"之动为参考，进行多种因素的综合分析。这可以说是后世中医诊断学的雏形。《史记·扁鹊仓公列传》说到扁鹊的诊病方法是："切脉，望色，听声，写形，言病之所在。"后世所谓"四诊"法这时已基本形成了，特别是诊脉方法，对我国医学的发展有很大的意义。

在临证治疗方面，食养、药疗、酒剂和针刺火灸等，都已广泛应用。《周礼·天官》称，"以五味、五谷、五药养其病"，说明已采用了食物疗法和药物疗法。对外科疾患，"凡疗疡，以五毒攻之，以五气养之，以五药疗之，以五味节之。凡药，以酸养骨，以辛养筋，以咸养脉，以苦养气，以甘养肉，以滑养窍"。说明对外科疾患除用药物外敷外，还用内服药物和食补进行调理；药物中不但有普遍可食的五谷和"养"病的普通药，而且还有攻病的毒药；药物依据其酸、辛、咸、苦、甘、滑等性味，分别调养筋骨、血脉、气血、肌肉和九窍。这是一套攻、养、疗、节的"攻补兼施"的治疗方法。

使用毒药治病，是春秋时期用药方面发生的一个重大变化。过去的药物，大部分是"汤液""醪醴"等比较平和无毒之药；这类药物虽然作用范围较广，但对某些疾病疗效不大。春秋时期则发现了一些作用专、效果显、能攻病的带有毒性的"毒药"。《尚书·说命》称"若药弗眩眩，厥疾弗瘳"，可能就是指要使用一些带有毒性和副作用的、能使人眩晕的药，如附子、乌头一类毒药。《周礼·天官》有"聚毒药以供医事"的说法，这是药学方面的一个进步。另外，也开始以"五气""五味"来推论药物的作用，这表明在药物使用上已开始向理论认识飞跃。

汤液即水药的普遍使用，也是个重大进步。因为在商代以前，人们的用药主要是单味药，且用重剂，疗效差，副作用大，且有一定的危险性。在汤液发明之后，可用多种生药加水煎煮成药剂，就可以根据病情选用多种药味相互配伍混合煎煮，即由单味药转向复味药，既减小了药物的毒性，又提高了医疗效果；这样便促使了"方剂"的出现。如《史记·扁鹊仓公列传》中有"越人之为方也""以八减之齐""和者煮之"的记载，就说明了这一情况。

关于针灸，《黄帝内经》中几乎所有的疾病都有用针灸治疗之法，记载的穴位达 300 多个，已经有巨刺、缪刺、补泻等不同手法。外科疗法中有用砭石破痈脓的记载，如《战国策》记载扁鹊要以砭石给秦武王割除疾病，《韩非子》记载扁鹊治病有"以刀刺骨"的方法；前面已说过的医竘给宣王割痤、给惠王疗痔的故事，也是外科手术方法。其他还有按摩、导引、汤熨、毒熨、熏蒸、洗浴等外治法。文挚为齐王治病的方法是采用情绪变化来治病的精神疗法。《内经》在说明这些治疗方法的起源时说："砭石从东方来，毒药从西方来，灸焫从北方来，九针从南方来，导引按摩从中央来"。说明当时丰富多样的治疗方法，是综合各个地区、各个民族积累的经验而形成的，而且已经开始由经验向理论方面飞跃了。

## （三）马王堆出土医籍

战国时期，已有不少零散的医学著作，西汉初年淳于意从他老师那里接受的书目中，就有《脉书》《上下经》《五色诊》《奇赅术》《揆度阴阳》《外变》《药论》《石神》《接阴阳禁书》等；《黄帝内经》的引书中有《针经》《上经》《下经》《脉经上下篇》《刺法》《奇恒阴阳》等。不过，这些医籍都没有保留下来。

1973年冬至1974年春，在长沙马王堆三号汉墓发掘的汉文帝初元十二年（前168）的葬品里，出土了大批医学帛书与简牍，内容包括四个方面：一是关于十一脉和脉法的记述，有《足臂十一脉灸经》、《阴阳十一脉灸经》甲本、《阴阳十一脉灸经》乙本、《脉法》、《阴阳脉死候》；二是52种疾病的医方《五十二病方》；三是关于导引养生的论述，有《导引图》《养生方》《却谷食气》；四是一些杂类，如专论胎产宜忌的《胎产书》，咒禁方术方面的《杂禁方》《杂疗方》，以及《十问》《合阴阳》《天下至道谈》等属于"神仙""房中"类的著作。

关于这些医书的著作年代，据考证最早的可能成书于春秋时期，最晚的则是战国末年至秦汉之际的作品。从它们的内容来看，都较成书于秦汉之际的《黄帝内经》更为原始古朴，可以看作是战国时代已佚的医著。这批医籍为研究我国传统医学从经验医学向理论医学的过渡、早期经络学说体系的建立、针灸药物疗法的演变等，提供了极为可贵的资料。

《足臂十一脉灸经》是迄今为止所发现的最早的一部关于经脉学的著作，可能成书于春秋时期。书中以先足经、后手经的顺序，简明地论述了全身11条脉的生理、病理和治疗方法。下肢"足"脉6条：足太阳脉、足少阳脉、足阳明脉、足少阴脉、足太阴脉、足厥阴脉；上肢"臂"脉5条：臂太阴脉、臂少阴脉、臂太阳脉、臂少阳脉、臂阳明脉。各脉在体表循行的路线，都是从四肢末端到胸腹或头面部。"足臂十一脉"主疾候78种，在各病症之后皆有"诸疾此物者，皆灸××脉"

的说明，即只有灸法的治疗方法。

《阴阳十一脉灸经》甲、乙两种文体内容基本相同，成书时间较《足臂十一脉灸经》稍晚，按先阳经、后阴经的顺序叙述了足巨（太）阳脉、足少阳脉、足阳明脉、肩脉、耳脉、齿脉、足巨阴脉、足少阴脉、足厥阴脉、臂巨阴脉、臂少阴脉。各脉都叙述了其循行路线及所主共 147 种疾病。《阴阳十一脉灸经》不仅以"阴阳"的抽象概念取代了"足臂"这样具体的部位性描述，而且对各种疾病只是指出了治疗的总原则，不再局限于灸法或其他一些具体的治疗手段，标志着经脉学说向更加完备的理论体系的进展。不过，这几种"十一脉"的著作，均未有"经络"字样，只有 11 脉而没有 12 经，11 脉也没有互相衔接的说明，因而还未形成经络全身、"如环无端"的循环概念，恰恰说明它们是经络学说形成之前的过渡著作。

《脉法》是医家传授灸法和砭法的民间教材，缺损较甚。但还可以看出，当时的医家已经了解到血脉作不停息的、有节律的搏动和患病时脉搏异常的现象，创立了"循脉诊病"的方法。《阴阳脉死候》主要论述了由人体体表部位或器官的异常判断体内某些疾患的诊断方法。书中包含了有关肉、骨、气、血、筋"五死"的体征的论述，如"面黑，目环视衰，则气先死"；"汗出如丝，傅而不流，则血先死"等。

《五十二病方》是我国迄今已发现的最古老的一部方书。全书约15000 多字，有病名 100 多个，治疗方剂 280 余首，载药 240 余种，内容十分丰富。

《五十二病方》所载涉及内、外、妇、儿、五官等科的各种疾病。外科病包括外伤、咬伤、伤痉（破伤风）、痈疽、溃烂、肿瘤、皮肤病和肛痔病等；内科病包括癫痫、疟疾、食病、癃病和寄生虫病等。书中所载 283 首治疗方剂多为二味药以上组成的复方，如治"疽"病的方剂

**《五十二病方》**

马王堆帛书《五十二病方》是现知我国最古的医学方书，该书出土时本无书名，因其目录列有52种病名，且在这些病名之后有"凡五十二"字样，所以整理者据此而给该书命名。

由白敛、黄芪、芍药、桂、姜、椒、茱萸七味药组成，根据疽病的类型调整主药的剂量。如说"骨疽倍白敛，肉疽倍黄芪，肾疽倍芍药"，包含了辨证论治的思想。关于方剂的剂型，书中已提到丸、饼、曲、酒、油膏、药浆、汤、散等各种剂型。对方剂的煎煮法、服药时间、次数、禁忌等，都有说明。由各首医方的药物配伍、剂型和用法来看，有实践意义的方剂体系在当时已初步形成了。

关于外治方法，书中提到了手术、药浴、敷贴、熏蒸、熨、砭、灸、按摩等多种。在诸伤条下，记述了止血、镇痛、清创、消毒、包扎等治疗环节。如用燔发（血余炭）止血，用酒止痛消毒，用黄芩制剂和消石（芒硝）溶液冲洗伤口，用砭石穿刺皮肉，用酒类膏药涂抹伤口，用火炙法烧的创面形成瘢痂等；还讲到了继发感染、坏死等并发症的治疗。这些方法与现代创伤外科的处理方法十分近似。

马王堆医书中记载的养生方法，包括辟谷、食气、服食、导引等。《却谷食气》讲述不食谷物，只吃某些特定植物维持生命，以求法疾长寿的方法。《十问》中讲到按不同季节选择不同环境、运用一定方法进行呼吸运动以达养生目的的"食气"之法以及多种"服食"方法。文中还谈到了劳逸结合、节制饮食、起居有常以及调和性情的辩证关系。《养生方》是以医方为主滋补强壮、增强体力的方法，其中包括一些黑发方、健步方和治疗偏枯、阴部肿胀的方法。《导引图》是一部古代医疗体育的导引图谱，绘有 44 个不同年龄男女的导引动作姿态，大致可分肢体运动、呼吸运动和持械运动三类。有些动作是模仿禽兽的飞翔、奔走、跳跃的姿态，称为"鹞背""龙登""信"（鸟伸）、"熊经"等，用这些动作进行锻炼以达到伸展肢体、宣导气血、增强体质、防治疾病的目的。

《十问》《合阴阳》《天下至道谈》还讨论了"接阴"、房中术保健理论、房中导引的具体方法以及性知识、性艺术等；强调了性生活要有一定的法度，通过正常的性行为达到两性关系的和谐完美和双方的身体健康；指出纵欲无节、粗暴强合将影响健康。《合阴阳》还讲述了性行为前激发女性性欲，性交中诱导女性高潮的"十修""十节"以及观察身体的"八动"使性行为达到和谐的方法。《天下至道谈》将正确与不正确的性行为分别概括为"八益"与"七损"，前者为房中气功导引的8 种形式，后者指明性生活中 7 种有害的情况。文中称"善用八益，去七损，耳目聪明，身体轻利，阴气益强，延年益寿，居处长乐"。这些论述中虽然掺杂有许多糟粕，但不少内容还是符合生理要求和有益健康的，反映了我国先秦时期关于性科学的研究水平。

## （四）《黄帝内经》

《黄帝内经》（简称《内经》）是我国现存的一部最全面地总结秦汉以前医学成就的医学著作。它是伪托黄帝与其臣子岐伯、雷公、鬼臾区等论医之书。

关于《内经》的成书年代，历代学者意见分歧很大，至今尚无一致的结论。从书的内容、体例、遣文用语上看，并非出于一人一时，而是汇集前后不同时期的医学篇章而成的。《内经》约产生于战国时期，后

《黄帝内经》

这是中国最早的医学典籍，对后世中医学理论的发展奠定有着深远的影响。

经秦汉医学家的整理、综合、补充、修改，使其内容逐渐丰富。书名首见于《汉书·艺文志》，说明此书最后成书于西汉时代。

现在流传的《内经》包括《素问》和《灵枢》两大部分，共 18 卷 162 篇。《汉书·艺文志》只载有《黄帝内经》18 卷之说，无《素问》《灵枢》之名。据西晋皇甫谧说，当时有《素问》和《针经》各 9 卷，即《汉书》所称《黄帝内经》18 卷，所以《灵枢》原称《针经》。《素问》之名最早见于东汉末年张仲景的《伤寒杂病论》序言，其中提到《素问》9 卷。由于战乱，《素问》到唐代已残缺不全，唐太仆令王冰根据其他古书补入第 7 卷中的 7 篇，其余 2 篇是宋嘉祐二年（1057）医官高保衡、林亿等增补进去的。

《灵枢》在隋唐年间还称《九灵》《九墟》。唐王冰注《内经》之后，《灵枢》之名才确定下来。《灵枢》在较长时

张仲景

张仲景是东汉末年著名医学家，被尊称为"医圣"，是中国历史上最杰出的医学家之一。他的传世巨著《伤寒杂病论》，确立了六经辨证论治，成为后世研习中医必备的经典著作。

间曾失传，北宋元祐八年（1093）高丽献来《黄帝针经》一部，哲宗下诏颁行天下。南宋绍兴二十五年（1155）史崧把家藏旧本《灵枢》9卷校正刊行，即现存最早版本的《灵枢》。

《内经》的内容十分丰富，对人与自然的关系，人的生理、病理、诊断、治疗到养生、疾病预防和针灸等，都有很详细的记载。特别是在基本理论方面，它总结了过去医学理论的成果，为我国传统医学的理论体系奠定了广泛的基础，成为以后中医理论的基本准则。

### 1.《内经》的气血、脏象、经络学说

《内经》对生理现象和生理活动的认识，仍然重视精、气、神的作用。但在《内经》里，"精"被看作由气变成人的形体时最先形成的东西，它是由气变成的、化生人体脏器组织的始基。《灵枢·经脉》篇称："人始生，先成精，精成而脑髓生"；《素问·金匮真言论》称："夫精者生之本也"；《上古天真论》还把精看作生殖下一代的物质基础："精气溢泻，阴阳和，故能有子"，这里显然是指男子的精液了。"神"也被看作一种气。《素问·八正神明论》说："血气者人之神"；《灵枢·平人绝谷》篇又说："神者五谷之精气也"，说神是五谷转化成的血中的一种精气，所以是生命不可或缺的东西。"气"的概念在《内经》中有很大发展，包括精气、真气、宗气、营气、卫气、脏气、经气等，均来自胃中的水谷化成和空中的大气吸入，它们所处的部位和作用各不相同。

"血"是由营气变化而来的，进入经脉，循环全身，营养脏器组织。《素问·八正神明论》说："血气者人之神"；《灵枢·营卫生会》篇也说"血者神气也"。既然神被看作生命活动的内在动力，所以血的营养作用也就是给予脏器组织以生命活动的动力。《素问·五藏生成》篇说："肝受血而能视，足受血而能步，掌受血而能握，指受血而能摄。"

《内经》认为人体的津液（包括汗、泪、溺、唾等）也是由水谷变化而成的，用以润泽脏器组织、滑利肢节关窍，津液和气也可以互相转化。

所以，《内经》把精、神、血、津液看作是都可以和气互相转化的东西。运用这种"气化"的概念，可以对新陈代谢过程和许多生理、病理现象作出统一的说明，所以它成为中医理论的一个重要内容。

脏象经络学说，是中医基本理论的重要组成部分，它以研究人体的五脏、六腑、十二经脉、奇经八脉等生理功能、病理变化及其相互关系为主要内容。

五脏即肝心脾肺肾，《内经》认为它们是人体最重要的脏器，是精神气血的贮藏之所，是生命的根本。其次，五脏又是全身其他脏器组织和精神活动的支配者，并和外界四时气候变化相联系。如肝主目、主筋、主怒，属春、属风等。五脏中"心"是整个生命活动的最重要的器官。《素问·灵兰秘典》把心比作"君主之官"，说"主明则下安，主不明则十二官危"。《六节脏象论》也说："心者，生之本，神之变也。"《内经》对于心和血液循环的关系也有一定的认识。《素问·痿论》说："心主身之血脉"；《五脏生成论》有"心之合脉也"及"诸血者皆属于心"的说法。五脏中"肺"的主要功能是"主气"，是气血循环的起点。《经脉别论》说"经气归于肺，肺朝百脉"，《灵枢·营卫生会》篇称"营出于中焦……上注于肺脉，乃化而为血，以奉生身"，说明对肺的呼吸作用以及它与血液循环的关系，已有一些初步的认识。五脏中"肝"的作用，在临床上常用的是"肝藏血"和肝气"喜散"的特点，并有"主目""主怒"和"主筋"的作用。"脾"的作用是和胃肠等一起转化水谷成为气血津液等营养成分。《内经》认为"肾"的主要功能是"藏精"和"主水"，与人体健壮、生殖能力、诸多水肿和积水疾患有关，所以在五脏中有很重要的地位。

《内经》把五脏的生理功能与五行的特性相配，认为肝木喜条达，心阳（火）温煦，脾土为气血生化之源，肺（金）气肃降，肾水藏精主水等；进而按照五行相生、相克、相乘、相侮的关系，来分析人体的生理、病理现象。体现在五脏的功能活动上，就是肝藏血以济心，心阳温脾，脾化生水谷精微上输以充肺，肺气肃降下行以助肾水，肾藏精以滋养肝血；肾水制约心火，心火制约肺金，肺金制约肝木，肝木制约脾土，脾土制约肾水。以上均属正常的生理活动；反之，若五行中有太过（相乘）或不及（相侮）者，脏腑之间的协调关系便受到破坏："亢则害，承乃制，制则生化，外列盛衰，害则败乱，生化大病。"

六腑包括胃、小肠、大肠、膀胱、胆和三焦，其主要功能是转化水谷和传导津液及糟粕。其中以胃的功能最为重要。《灵枢·五味》篇称："胃者五脏六腑之海也。水谷皆入于胃，五脏六腑皆禀气于胃。""三焦"之说在先秦诸子中没有记载，在人体内也没有与之对应的具体器官。《内经》认为上焦是卫气由胃到胸中的通道，中焦是营气由胃到肺脉的径路，下焦是津液由小肠至膀胱的径路。

除五脏六腑外，《素问·五藏别论》把形态与腑相近，功能与脏腑相似的脑、髓、骨、脉、胆、女子胞（子宫）称为"奇恒之腑"。此外还有耳、目、口、鼻、舌、咽、喉、肛门、外阴和它们的功能的记述。

经络学说是中医生理学说中的一个重要部分。经络本来就是血脉，主干称为经脉，分支称为络脉。《内经》认为经络是运行全身气血，联络脏腑、肢节、筋肉、皮肤，沟通人体上下内外的传导系统。《内经》认为，全身主要经脉有 12 对，左右对称，称为十二经，包括六对阳经，六对阴经。分布在上肢的六对称为手三阴、手三阳；分布在下肢的六对称为足三阴、足三阳。三阴的名称是太阴、少阴、厥阴；三阳的名称是太阳、少阳、阳明。"手之三阴，从藏走手；手之三阳，从手走头；

足之三阳，从头走足；足之三阴，从足走腹"(《灵枢·逆顺肥瘦》)。每一对阴经连属于一脏，并和一腑相连络；每一对阳经连属于一腑，并和一脏相连络。气血在经络中运行，从而构成"阴阳相贯，如环无端"的循环径路，把人体结成一个表里上下、脏腑器官联系沟通的统一整体。于是，脏腑发生的种种变化，就会通过经络反映到肤表腧穴上来，对体表有关腧穴进行针刺、火灸或按摩等，就可以通过经络的传递治疗内脏的疾病。这就为诊断和治疗提供了理论根据。所以《灵枢·经别》篇说十二经脉是"人之所以生，病之所以成，人之所以治，病之所以起"的主要系统。这一学说被2000多年来的实践所证明是行之有效的，成为中医辨证论治的基本理论依据。

《内经》还以阴阳学说来说明人体构造和生理功能之间的关系。《素问·宝命全形论》说："人生有形，不离阴阳。"它把男女、寒热、燥湿、高低、内外、脏腑、气血、动静、功能等，都分为阴阳。如人体的背为阴、腹为阳，体表为阳、内脏为阴，内脏中六腑为阳、五脏为阴，五脏中心肺属阳、肝脾肾属阴，等等。《内经》还认为，外界环境的阴阳变化，也会影响到人体的阴阳变化。如白天为阳，人的阳气盛，活动多；夜间为阴，人的阴气盛，睡眠多；春夏秋冬的阴阳变化，也能影响到人体的阴阳变化。《内经》强调人体必须保持阴阳的相对平衡，才不至于生病。《素问·生气通天论》称："阴平阳秘，精神乃治"；一旦阴阳失去平衡，人体就会生病，"阴胜则阳病，阳胜则阴病"，"阳盛则热，阴盛则寒"，"阳虚则内寒，阴虚则内热"。治病在某种意义上就是要调整阴阳失调的状态，恢复到"阴平阳秘"的健康状态。

**2.《内经》的病因病机和病变学说**

《内经》把发病的原因仍然归结到人的精神状态、生活起居、外界环境和气候变化上。

精神情志失常即怒、喜、思、忧、恐过度，会对不同脏腑产生影响。《素问·阴阳应象大论》认为"怒伤肝""喜伤心""思伤脾""忧伤肺""恐伤肾"；《灵枢·本神》篇则认为怵惕思虑伤心，忧愁不解伤脾，悲哀动中伤肝，喜乐无极伤肺，盛怒不止伤肾。虽然这种对应关系并不统一，但《内经》关于精神情志状态异常会引起疾病的认识还是正确的。

生活状态失常包括饮食过量、"五味失调"、房事不节、劳倦过度等。

在环境和气候变化上，《内经》强调风、暑、湿、燥、寒"五气"的影响，特别把"善行而数变"的风看作是"百病之长"，认为风可以引起多种不同的疾病。

《内经》把外界致病的因素统称之为"邪气"，认为即使有邪气侵袭，人体也不一定会发病，关键取决于体内"正气"（包括精神气血津液等）的强弱以及正气和邪气的力量对比。在一般情形下，人体的正气旺盛，邪气不容易伤害人体。《灵枢·百病始生》说："风雨寒热，不得虚，邪不能独伤人。"反之，如果正气不足，就会引起"虚"的病变；邪气"入客"和正气瘀滞，则会引起"实"的病变。《素问·评热病论》称："邪之所凑，其气必虚。"《灵枢·口问》篇称："邪之所在，皆为不足。"可见，《内经》的病因病机学说，特别强调人体内在因素的作用，这也是中医理论的一个重要特点。

关于疾病的传变，《内经》认为外邪侵入人体之后，将会由表及里、由浅入深、由轻到重地发生变化，即由皮毛而经脉，再由经脉最后侵入筋骨；或者由经脉而腧穴，由腧穴而冲脉，由冲脉而肝胃，最后传入募原；或者由经脉入六腑，由六腑而五脏；或者由皮毛直接传入肺。外邪传入五脏后，就在五脏之间按五行相胜的顺序传变，如肺（金）病传肝（木），肝病传脾（土）。疾病一般地都是"旦慧，昼安，夜甚"。《内经》根据这个理论，特别强调疾病要早期治疗，不要延误病情；对重病患者，夜间要特别注意。

**3.《内经》的诊法治则学说**

《内经》的诊法，主要包括望、闻、问、切，这是后世中医传统诊断法"四诊"的渊源。关于望诊，主要是审察面部、眼睛的五色变化，以及沉浮、聚散、泽沃、明暗等。《灵枢·天年》篇说："失神者死，得神者生"，神的盛衰是判断人体健康状况的主要标志之一。对面部不同部位色泽的观察，也是辨别五脏六腑气血盛衰、疾病预后的主要手段。五色反映着五脏的病变。《灵枢·五色》篇说："青为肝，赤为心，白为肺，黄为脾，黑为肾"；并由五色确定病变的性质："黄赤为风，青黑为痛，白为寒，黄而膏润为脓，赤甚者为血"。《内经》还描述了 14 种舌体的异常变化及所主疾病。

闻诊包括听声音和嗅气味。《素问·阴阳应象大论》提出五声、五音应五脏的理论，不同脏腑的病变会引起不同的声音变化，并产生异常气味。

《内经》十分重视问诊，认为"诊病不问其始，忧患饮食之失节，起居之过度，或伤于毒，不先言此，卒持寸口，何病能中？"（《素问·征四失论》）所以首先注意病人患病前的情志变化，如"尝贵后贱""尝富后贫""始乐后苦""忧恐喜怒""离绝郁结"（《素问·疏五过论》）；其次是饮食起居的变化；再次是"故伤败结""伤于毒"等。问诊的目的在于探求病因，了解病史，掌握今病的临证表现。

切诊分为切脉和切肤两部分。因为气血通过脉而周流全身，故从脉象的变化可以判断出疾病的部位、性质、邪正盛衰及预后情况。

《内经》关于脉诊的记述复杂多样，表现出这种方法属初期应用而尚未定型的情况。首先最初的切脉方法，可能是对十二经的动静进行全面诊察；其次是"三部九候法"，即对头部的两额、两颊和耳前，手部的太阴、阳明和少阴，足部的厥阴、少阴和太阴九个部位的脉象进行诊察；再次是"人迎（颈部两侧动脉）、寸口（两手太阴脉搏动处）"诊脉法；最后才发展到"气口（即寸口）诊脉法"。《素问·五脏别论》称："五脏六腑之气位，皆出于胃，变见于气口"，所以单诊寸口之脉，就可以判断出五脏六腑的病变。后世中医的脉诊方法，就是由此发展起来的。关于脉搏的变化，最初可能仅仅注意其动静盛衰，以后则注意到脉的"至数"（快慢）和其他细微的脉象变化。《内经》中提到了40多种脉象。此外，《内经》还提出了"五脏之脉"和"四季脉"，说明了脉象与五脏、季节的关系。

切肤是把脉的变化和尺部皮肤的变化相对照的诊断方法。尺部是上肢的掌侧面从尺泽到寸口的一段肌肤，又称"调尺"。尺肤的颜色和急缓热寒的变化与脉象存在着正常的对应关系；一旦出现反常，就是发生病变了。也可以单独根据尺肤上、中、下不同部位的变化来进行诊断。后来这种方法就演变成气口部位"寸、关、尺三部诊脉"的定位法了。

《内经》强调临证应用四诊时要相互配合。《灵枢·邪气脏腑病形》篇指出："见其色知其病，命曰明；按其脉知其病，命曰神；问其病知其处，命曰工。余愿闻见而知之，按而得之，问而极之……能参合而行之者，可以为上工。"这就是诊断学上所说的"四诊合参"。

《内经》有关治则的内容十分丰富。首先是强调早期治疗的原则。《素问·阴阳应象大论》说："善治者治皮毛，其次治肌肤，其次治筋脉，其次治六腑，其次治五脏。治五脏者半死半生也。"《八正神明论》也说："上工救其萌芽……下工救其已成，救其已败。"其次是注意标本先后的原则。《内经》认为先得的病为本，后得的病为标；正气为本，邪气为标；病因为本，病症为标。一般地说，"治病必求于本"，但也须根据标本缓急决定其先后次序。《素问·标本病传论》指出："病发而有余，本而标之，先治其本，后治其标；病发而不足，标而本之，先治其标，后治其本。"即病急先治其标，病缓则治其本。《灵枢·师传》篇还说："春夏先治其标，后治其本；秋冬先治其本，后治其标。"《内经》还强调了"扶正法邪""补虚泻实"的治疗原则。祛邪的方法有多种，如"其高者，因而越之；其下者，引而竭之"。"其在皮者，汗而发之"（《素问·阴阳应象大论》）。"虚"是精气不足引起的，治疗时应补充精气；"实"是邪气过盛引起的，治疗时应排除邪气。在实际运用中，则必须注意具体情况采取阴阳补泻的方法，以求重新达到"阴平阳秘"的平衡状态。

《内经》特别强调根据病机和病变来决定治疗方法，即根据疾病的特点、病人的体质、时令气候、地理环境等具体情况制定相应的治疗方法。《内经》中记载的治疗方法有吐、下、内消、蒸浴、毒药、九针、砭石、灸蒸、切开、导引、按摩、热敷等；所载药方有汤、酒、丸、散、膏、丹等；治疗的一般原则是"毒药治其内，针石治其外"（《素问·移精变气论》）；"病生于脉，治之以灸刺……病生于内，治之以针石……病生于筋，治之以熨引……病生于咽嗌，治之以百药"（《素问·血气形志》）。此外，《内经》中还记载了水疗法、灌肠法、穿刺放腹水法和截肢手术等方法。《内经》中关于针刺的记载和论述特别详细，大约记有气穴365穴，气府365穴；同时对针刺的具体手法、针具和"禁刺"情况等都作了叙述，表明当时十分重视针刺治疗，治病的方法也是以针刺为主的。

### 4.《内经》的预防养生思想

《内经》十分重视疾病的预防。《素问·四气调神大论》说："是故圣人不治已病治未病，不治已乱治未乱，此之谓也。夫病已成而后药之，乱已成而后治之，譬犹渴而穿井，斗而铸锥，不亦晚乎？"说明好的医生应见微知著，及早预防疾患的发生和发展。

和预防疾病相联系，《内经》较系统地阐述了中医养生学说。《内经》吸收了诸家之说，特别是道家的养生思想，总结出"春夏养阳，秋冬养阴"的养生原则，提出了动静结合的养生方法。以静养生主要是"恬淡虚无，真气从之，精神内守，病安从来"（《素问·上古天真论》）；以动养生主要是"形劳"，"广步于庭"，"导引按跷"，以促进气血流畅，达到"形与神俱"。《内经》把精、气、神视为人身的三大宝，尤其把肾中精气的盛衰看作决定人的生长发育、衰老死亡的基本条件，所以将保养肾精看作"尽终其天年，度百岁乃去"的重要措施，要求人们食饮有节，起居有常，不"以酒为浆，以妄为常，醉以入房，以欲竭其精，以耗散其真"。

《内经》把"五味"学说应用于食物，把谷物、瓜果、畜肉、菜蔬都分为五类，分别归属于辛、酸、甘、苦、咸"五味"，说明何者养肝，何者养心，何种疾病宜吃什么不宜吃什么等等，这就是中医"食养"的根据。

《内经》全面总结了秦汉以前的医学成就，从阴阳五行、五运六气、脏腑经络、病因病机、诊断治疗、针灸方药、预防养生等方面，作了全面系统的阐述，从经验积累上升到理论概括，开创了中医学独特的理论体系，为后世中医学的发展奠定了坚实的基础，所以在我国医学发展史上占有十分重要的地位。

《内经》不仅对我国传统医学的发展有极为深刻的影响，而且对当代生命科学、医学的发展也有极有益的启示。历史上朝鲜、日本等国都曾把《内经》作为医学经典。《内经》的部分内容已被译成日、英、德、法等国文字，得到广泛的传播和国际医学界的高度评价。《内经》体系恢宏，博大精深，是我国古代医学文献中极其珍贵的典籍之一；它的丰富内容和重大意义，还在进一步发掘之中。

# 九／物理学的辉煌成就

春秋战国时期百家争鸣的局面，促进了学术思想的发展，提出了诸如物质本原、时间空间、运动静止等重要问题；以铁器的使用为代表的生产技术的发展，又促进了力、热、声、光等物理知识的积累，使物理学取得了重大的进展。

## （一）力学知识

力学是研究宏观物体机械运动规律的一门学科，它也是最古老的学科之一。春秋战国时期，我国古代力学已进入形成时期，表现出两种发展趋向。一是以《考工记》为代表的实用力学知识的积累，诸如物体的滚动、箭矢的飞行、物体的沉浮等现象的知识；一是以《墨经》为代表的理性力学的萌芽，如时空与运动、力与重、重心和平衡、简单机械原理等方面带有理论性的粗浅概括。

## 1. 对空间、时间和运动的认识

时空问题是一个既抽象又实际的根本问题。先秦时期的思想家们对时间、空间的本质和特性，提出了不少卓越的见解。

《管子·宙合》篇最早明确提出了时间、空间的概念。"宙"含循环往复之意，喻指日月往复，四时循环，所以一般指时间；"合"古义即"盒子"，上下四方为"六合"，意指空间。文称："天地，万物之橐，宙合又橐天地"，即万物纳于天地之中，天地又纳于时空之中。"宙合之意上通于天之上，下泉于地之下，外出于四海之外，合络天地以为一裹。"即天地四海皆包含于宙合之中，宙合更扩及天地万物之外。2000多年前对时空的这种认识，确实是十分卓越的。

后期墨家更明确地论述了时间、空间的概念。《墨经》中用"久"不用"宙"，第40条称"久，弥异时也"；《经说》释曰："久：合古、今、旦、莫（暮）。"所以久就是遍合所有不同时刻的总和。《墨经》第41条称："宇，弥异所也"；《经说》："宇：东、西、家、南、北。""家"指"中"，这就说明"宇"即遍合所有场所的总和。"久"和"宇"是很有概括性的时间和空间的概念。西汉成书的《尸子》中记载了战国时期的杂家尸佼（约前390—前330）的话："四方上下曰宇，古往今来曰宙也。"这就进一步指出了"宇"是包括东西、南北、上下六个方向的三维空间，"宙"是包括过去、现在、未来的一维时间。

战国时代的学者们还提出了宇宙在时间和空间上的无限性思想。墨家在《经说下》中提出了"久，有穷，无穷"的认识，说任何一个具体的事物所经历的时间是有限的，但古往今来的时间整体是无止境的；名家惠施所说的"至大无外，谓之大一"的"大一"，正是无限宇宙的朴素概念。《庄子·庚桑楚》称："有实而无乎处者，宇也；有长而无本剽

（标）者，宙也。"认为空间是实际存在的，但又没有穷处；时间有古今之长，但古今之长却无始无终。《庄子·秋水》又指出："夫物，量无穷，时无止，分无常，终始无故。"说明事物的大小是无穷的，时间的长河也是无止境的，盈虚得失分之不常，终始日新故不可留。这里包含了空间、时间和运动变化的无限性思想。

对于自然界中普遍存在的机械运动，《墨经》有明确的讨论。《墨经》第49条称"动，或（域）徙也"，指出了运动即位置的变化，这是关于机械运动的一个准确的定义。《经说》称："动：偏祭（际）从（徙）者，户枢免瑟。""偏际徙"指转动，是说转轴以外的一切部位（"偏"）都发生了移动；门轴就是因不断转动而免遭蛀噬。《墨经》第43条说："尽，莫不然也"；《经说》："尽：但（俱）止、动。"这是关于平动的定义，是说物体的一切部分止则俱止，动则俱动。《墨经》第50条说："止，或（域）久也"，说物体在某一位置上处有一段时间，即静止状态。这样，《墨经》就全面定义了运动和静止，转动与平动，概括了机械运动的主要形态。

关于运动和时空的关系，墨家已认识到了它们有着不可分割的联系。《墨经》第114条指出："宇，或徙，说在长宇久"；"长：宇徙而有处；宇：宇南北在旦又在莫（暮），宇徙久"。是说物体的运动必然经历一定的空间和时间的变化；每一时刻物体都有一定的位置（"有处"），而位置的变化（如从南到北）必然伴随着时间的变化（如从早到

《墨经》

《墨经》（是中国古代战国后期墨家的著作《墨子》一书中的重要部分，主要是讨论认识论、逻辑学和自然科学的问题。

晚）；所以，空间的变迁和时间的流逝是紧密地联系在一起的（"宇徒久"）。第 164 条称："宇进无近，说在敷"；"宇：不可偏举宇也；进：行者先敷近后敷远"。这是说一个物体在空间行进，不可能同时处于空间的一切位置，只能由近而及远。第 165 条进一步说："行修以久，说在先后"；"行者：行者必先近而后远。远近，修也；先后，久也。民行修必以久也。"行经一定距离（"修"）就需要一定时间（"久"），二者是不可分割的。墨家这种关于时间、空间与运动紧密联系的见解，是相当深刻的科学认识。

《吕氏春秋·察今》中所讲的"刻舟求剑"的故事，隐含了同一物体（沉剑）对于不同的参照物（舟、江）其运动状态不同的意义，这是对机械运动的相对性的初步认识。

### 2. 对力的认识

"力"是力学中最基本的概念之一，墨家最早给出了"力"的定义。《墨经》第 21 条称："力，刑之所以奋也。""刑"同"形"，指物体；"奋"与"动"字义虽相近而实际上有重大区别，包括由静到动，由慢变快，由下上升等意思，泛指各种运动状态的变化。所以上面这段论述是说"力"是使物体由静而动，动之愈速和由下而上的原因。这和现代力学所说"力是使物体运动状态发生变化的原因"的定义是一致的。墨家对"力"的本质的这一高度抽象和准确的概括，实在是一个极其卓越而光辉的成就，是人类对力的最早的理性认识。《列子·说符》中也有"力盛者奋"的说法。在《经说》中更具体地说："力，重之谓，下、举，重奋也。"这里把"重"看作力的表现之一，认为物体的下落、上举，都是在重力作用下的运动变化。在第 127 条中进一步指出："凡重，上弗挈，下弗收，旁弗劫，则下直。"说明凡重物，不从上面提升，不从下面托举，不从侧面推拉，它就必然竖直下落。这些论述表明，墨家不仅把"重"与"力"联系起来，而且对重力作用下物体的运动情况，也已有很深入的观察概括了。

### 3. 对一些力学现象的描述与分析

《墨经》第 162 条说，球形的物体放在水平面上，不论在什么地方，都不能使之倾斜，只能使之转动，它总是正立的。因为它的中心总在圆球与平面的接触点的同一竖直线上。这是说随遇平衡的情况。如果球体沿一平面滚动起来，则此平面必为一斜面。

《墨经》第 126 条对横梁承重进行了力学分析。文中描述了一个横梁承重的实验：两端支起的一段横木，中间加上重物而不挠曲，说明它的抗弯力胜任这一重荷；而用绳索连起的两根木梁，即使不加重物也会由于自身的重量而挠曲，说明其抗弯力很小，因为在这里实际起连木作用的是绳索的抗拉能力。

《考工记·轮人》篇中关于必须使车轮尽量接近正圆形，以达到与地面的接触面最小（"微至"）的论述，实际上涉及了滚动摩擦的问题。近代的滚动摩擦理论指出，滚动摩擦阻力是与接触面的大小有关的。

在春秋战国时期的典籍中，还有关于流体特性的一些记载。《孙子·虚实》讲："水无常形"；《庄子》中也说到水"莫动则平"的特性。《墨经》第 157 条对浮力的作用原理进行了概括："荆（形）之大，其沈浅也，说在具"；"荆：沈荆之贝（衡）也，则沈浅非荆浅也，若易五之一"。这是说将一大的浮体放到水里，当浮力与重力平衡时，浮体下沉的深度小于浮体的高度（即浮体的上部露出水面）。浮体的高度与下沉的深度虽不相同，但浮体的重量与下沉部分受到的浮力却像市场上 5 件甲商品与 1 件乙商品的交换那样，是完全等价的。这段叙述虽不像古希腊的阿基米德（前 287—前 212）所表述的浮力原理那样明确，但其含义却是一样的，而且比阿基米德的表述早约两个世纪。

惯性现象是物体运动中普遍存在的一个基本现象。《考工记·辀人》篇中明确描述了这个现象。文曰:"马力既竭,辀犹能一取也。"意思是说马拉的车,当马已经衰竭了不再去拉车时,但车辕还能继续趋前一段距离,这里描述的显然是车的惯性现象。而古希腊学者亚里士多德(前384—前322)在一个多世纪后还完全忽略了这种惯性现象,说"推一个物体的力不再推它时,物体便归于静止"。相比之下,我国古人的认识要深刻得多。

### 4.杠杆原理和简单机械

杠杆是我国出现最早、应用最广的一种简单机械。春秋战国时期常用到的杠杆装置一是汲水用的桔槔,一是作为衡器的天平和杆秤。

桔槔

桔槔俗称"吊杆""称杆",古代汉族农用工具。桔槔早在春秋时期就已相当普遍,延续了几千年,是中国农村历代通用的旧式提水器具。

相传"伊尹作桔槔"。《庄子·天地》篇中记载孔子的弟子子贡(前

520—？）路过汉水北岸，见一老丈凿隧入井，抱瓮灌田，用力甚多而见功寡，遂向老人说："有械于此，一日浸百畦，用力甚寡而见功多，夫子不欲乎……凿木为机，后重前轻，挈水若抽，数如泆（溢）汤，其名为槔。"《庄子·天运》篇也记载，孔子的弟子颜回（前521—前490）也说过："子独不见夫桔槔者乎？引之则俯，舍之则仰。"这些记载说明桔槔的应用在当时已相当普遍了。

至于我国古代的衡器，是先有天平，再有不等臂秤，然后才有提系杆秤的。史传我国在黄帝时代就有了天平，但迄今出土的最早的天平是春秋战国时期的制品。墨家根据桔槔和不等臂秤的运用，深入地探讨了杠杆平衡的问题。

墨家把杠杆中的支点到重物间的杆长叫作"本"，把支点到秤锤（权）之间的杆长叫作"标"，用"本""标""权""重"的概念论述了著名的杠杆原理。《墨经》第127条说："天（衡）而必正，说在得"；"衡：加重于其一旁，必捶（垂）。权重相若也，相衡，则本短标长。两加焉，重相若，则标必下，标得权也。"这段论述是说，如果秤的两边平衡，则秤杆一定是水平的（"正"）。"得"本意为取得，引申为契和，说平衡是由于秤锤（"权"）与力臂（"标"）、重物（"重"）与重臂（"本"）相互契和的联合作用造成的。这实际上已经表述出了杠杆原理的公式："重 × 本 = 权 × 标"。进而指出，在平衡时，如果加重其中一边，这一边一定下垂；只有使权、重相若，即成某一比例时，才能达到两边平衡，此时必然"本短标长"；假如在两边增加相等的重量，"标"这一端必定下垂，这是由于"标"和"权"的联合作用较大所致，即"标得权也"。墨家用确切的术语比较完整地表述了不等臂杠杆的状态显现。

在进一步的讨论中，墨家还说明了杠杆之所以会产生不平衡的道理。墨家还用锥刺物作类比，说明不等臂秤能以较轻的秤锤举起较重的重物，就像利用锥子能够很容易地刺进物体一样。可见墨家已经懂得了利用杠杆能够以小力发大力的省力效应。墨家实际上比古希腊的阿基米德早约 200 多年就已经发现了杠杆原理，这是非常了不起的一个成就。

春秋战国时期，"斜面"这种简单机械也有广泛的应用。《墨经》将斜面称为"梯"或"迤区"。轮轴和辘轳，都是斜面的变形，墨家对它们都有详细的研究。《墨经》第 128 条说："倚者不可正，说在剃（梯）。""倚"指偏斜，"梯"为斜面之例，这是说在斜面上的物体，不可能使其水平或垂直放置，只能沿斜面下滑，原因是它放置在一个斜面上。在这一条的《经说》中，首先从受力情况对下滑、竖直下落和水平静置的三种运动状态作了比较，说明如果重物不受提拉、托举和侧移作用，就必然竖直下落，而物体沿斜面的下滑是由于受到从旁的作用力的缘故。其次，还说明了四种倚斜现象："倚：倍、拒、竖、魽，倚焉则不正。""倍"同"背"，"竖"作"擎"通"牵"，"魽"作"射"。这四种最常见的倚斜情况就是："背负"，人负重物于背时身体必前倾，以使人与重物的共同重心适在双足的正上方；"抵拒"，大物将倾，以木撑拒之，此支撑之木必与地面倾斜才能得力；"牵曳"，用绳索牵曳重物前行，绳与水平地面成倾斜状；"投射"，将重物投向远方，一般要斜向投出，如斜上抛。在这四种情形下，"倚"都起主要作用，不能以水平或垂直代替，故曰"倚焉则不正"。

《墨经》第 111 条中有一句谜语式的话："举之则轻，废之则重，非有力也。"这句话实际上是对杠杆、轮轴、斜面等简单机械的省力效应的一个概括。放置于地的重物本身是很重的，但提举它时显得很轻，又不是提举人力气很大，这是什么缘故呢？当然是因为利用了简单机械。

从前述内容可以看出，春秋战国时期，中国古代力学已有较大的发展，并且已由经验的积累向理性的概括过渡，达到了初步形成的阶段。这就为中国后世力学的发展奠定了一个良好的基础。

## （二）声学知识

春秋战国时期，人们对物体的振动和发声的关系，各种质料和形态的物体所发声音的响度与音色，声音的共鸣现象等，已有较清楚的了解和详细的记载，并随着音乐娱乐活动的日益兴盛，创立了我国古代律学的基础。

### 1. 物体的振动和发声

春秋战国时期，人们从生活和生产实践中，已经认识到物体发声的高低与物体的振动之间有着密切的关系。当时在乐器制造中出现了一定的分工，造钟的工匠称为"凫人"，造磬的工匠称为"磬人"，制鼓的工匠称为"韗人"。他们从长期制造乐器的实践中积累了不少关于物体振动与发声关系的经验。

《考工记·凫人》篇记载："凫人为钟……薄厚之所震动，清浊之所由出"，指出声音的清浊是由薄厚不同的钟的振动产生的。所谓"清浊"，指的是音调，音调的高低决定于振动的频率。凫人已经掌握了物体发声的高低与发声体的薄厚有关。同样，"磬人"也从自己的生产实践中认识到"凡乐器，厚则声清，薄则声浊"。从声学原理上讲，钟与磬的振动都是板振动，而板振动的频率正比于板的厚度。所以《考工记》指出："磬人为磬……已上则摩（磨）其旁，已下则摩其耑（端）。"就是说声音太高时，就磨磬的两面，使之变薄，振动频率变低，声音就降至正常；声音太低时就磨其二端，使磬体相对变厚，声音就升高到正常要求。

与此相类似，弦乐器的音调是由弦线的长度、密度和张力三个因素共同决定的。《意林卷一·韩子》中记载："齐宣王（前342—前328在位）问匡倩曰：儒者鼓瑟乎？对曰：不也！瑟者，小弦大声，大弦小声，大细易位，贵贱易序，故儒者不为。"这个故事说明，至迟在公元前4世纪，我国古人已知道了弦的发声规律。现代声学原理指出，弦线的振动频率与线密度的平方根成反比，即与弦线的粗细有某种反比关系，确实是"大细易位"的。

**齐宣王**

齐宣王，山东临淄人，战国时代齐国国君，齐威王之子。其光大了的稷下学宫，成为"百家争鸣"的最重要因素之一。

### 2. 物体的发声和传播的物理性质

春秋战国的古籍中，对物体发声和传播中的一些物理现象，如音调的响度、音品和共振等，都有所记载。

响度指人的听觉所辨别的物体发声的强弱，它与声源的振幅有关。《考工记·凫氏》篇载："钟大而短，则其声疾而短闻；钟小而长，则其声舒而远闻。"这里讲的就是钟的形状与响度、传播距离的关系。大而短的钟，振动的振幅小，响度（声强）小，单位时间内传出的能量少，故传播的距离也小；小而长的钟，响度大，能远闻。同样，在《考工记·㡚人》篇中也称："鼓大而短，则其声疾而短闻；鼓小而长，则其声舒而远闻。"钟、磬、鼓都属于板振动，它们的发声规律也是一样的。

各种物体所发声音的特性是不同的，用现代声学理论讲，即具有不同的频谱，这种特性称为音品，也叫音色。春秋战国时期人们对不同物体的音品已有了初步的认识。《礼记》中称："钟声铿，……石声磬，……

丝声哀……竹声滥……鼓鼙之声灌……"这是古人对不同物体音色的最早描述。《考工记》中还讲："钟已厚则石,已薄则播。"从音乐声学角度来说,"石"与"播"都在人耳的听觉范围之内,"石"指声音太闷,不响亮;"播"指声音太散,不集中实在。

物体的共振和声音的共鸣现象,在古籍中也早有记载。《庄子·徐无鬼》中记载,庄周曾对惠施讲过,西周初年的鲁遽演示过瑟弦的共振现象:"(鲁遽)为之调瑟,废一于堂,废一于室。鼓宫宫动,鼓角角动,音律同矣。夫或改调一弦,于五音无当也,鼓之,二十五弦皆动。""废"为放置之意,这段记载可说是世界上最早的一个共振实验。分别放在堂屋和居室的两具瑟,在其一上奏出宫音和角音时,另一具上相应的弦就发出共振,这是基音的共振现象;若改调一弦使之与任何一音皆不合,则当弹奏它时另一瑟上的25根弦皆振动,这是基音和泛音的共振现象。文中还用"音律同矣"对这种共振现象作出了解释,这是很确切的。《吕氏春秋·应同》中也说:"类固(同)相召……声比则应。鼓宫而宫动,鼓角而角动。""声比"二字既包含了基音之间(频率为1:1)的共振,也包含了泛音之间(频率为整数比)的共振,真是准确恰当。特别是关于泛音之间共振的发现,我国要比西方为早。

利用声音的共鸣现象来侦探敌方的行动,在中国古代典籍中多有记载,最早见于《墨子·备穴》篇。文中记述了用埋缸听声的方法判断地下声源方向的几种设计。如"穿井城内,五步一井,傅(通"附")城足。高地丈五尺,(下)地得泉三尺而止。令陶者为罂,容40斗以上,固顺(幂)之以薄鞈革,置井中,使聪耳者伏罂听之,审知穴之所在,凿穴迎之。"这是说当敌方挖坑道攻城时,守军就在靠城墙内挖井,每五步(约6米)远挖井一口,高处挖到一丈五尺(约合今3米),低处挖到地下水位之下三尺(约60厘米);以容积为四十斗(约78升)以上的坛子，坛口绷以薄皮埋入井中，使听力好的人伏于坛口谛听，确定出敌方坑道的方位，从城内挖坑道迎击敌人。敌人挖坑道的声音从地下传来比从空气中传来的衰减较小；这种声波又会和坛子中的空气发生共鸣，很易被人听到；利用三四个相邻井内坛子的响度差，就可判断出声源的方位，即起到现代声学所说的"双耳效应"的作用。另外，地下水位之下的土壤，其孔隙被水充满，传声性能也会更好。

古人在利用共鸣现象将声音放大之外，还懂得了有时需要消声的方法。河北易县燕下都44号墓出土的战国时期的空心砖，就是用于这一目的的。用空心砖砌成的墙壁有隔音作用，这可以说是消声技术的先导。

水泥空心砖

空心砖是以黏土、页岩等为主要原料，经过原料处理、成型、烧结制成，隔音降噪性能好，且空心砖的性价比较高。

### 3. 律学和三分损益法

所谓律学就是对乐器上各种音调的获得以及它们之间的频率关系进行数学研究的学科，现在也称为数理音乐学。春秋战国时期，随着音乐活动和乐器制造的发展，我国古代律学也得到了很大的发展。所谓"律"，既指构成音阶的每个音，又指选择音阶中各音的构成规律。人们从实践中发现，可以根据弦和管的长度与所发音调（频率）之间的关系，来确定出音阶中各个音调之间的数学比例，由此产生了乐律计算法。

在我国古代律学的发展中，选择五个音或七个音组成一个音阶的乐制，可能在公元前11世纪就已经形成了。唐代杜佑的《通典》称："自殷以前，但有五声。"《礼记·乐记》中也说："昔者，舜作五弦之琴以歌南风。"其注曰："五弦，谓无文武二弦，惟宫、商、角、徵、羽五弦。"可见中国古代乐律是先有五声，后有七声。在七声的基础上，由于转调的需要，就产生了十二律。十二律产生的确切年代已无法查考。《国语·周语》记载，公元前6世纪时一个叫伶州鸠的乐官已经把十二律的名称一一列举出来。文中记载周景王贵于其二十四年（前521）向伶州鸠请教乐

《通典》

《通典》是中国历史上第一部体例完备的政书。专叙历代典章制度的沿革变迁，为唐代政治家、史学家杜佑所撰，共二百卷。

律，伶州鸠回答说，十二律即黄钟、大吕、太簇、夹钟、姑洗、仲吕、蕤宾、林钟、夷则、南吕、无射、应钟，相当于今之c、#c、d、#d、e、f、#f、g、#g、a、#a、b这12个调；"五音"是宫（do）、商（re）、角（mi）、徵（sou）和羽（la）；再加上变徵（fa）和变宫（si）两个音就成为"七音"。

乐律学发展到春秋时期，产生了一种计算方法，即"三分损益法"。《管子·地员》篇载："凡将起五音，凡首，先主一而三之，四开以合九九，以是生黄钟小素之首，以成宫。三分而益之以一，为百有八，为徵；不无有三分而去其乘，适足，以是生商；有三分而复于其所，以是成羽；有三分去其乘，适足，以是生角。"这段文字所规定的计算方法，就是"三分损益法"。即以一个被定为基音的弦（或管）的长度为基础，把它三等分，再加长一份（"益一"）或去掉一份（"损一"），就可以定出另一个律的长度。从数学上讲，即把基音的弦

（管）长乘以三分之四或三分之二，照此法依次进行下去，直到获得比基音高出一倍或低一倍的音，就得出一个五声音阶。具体推算方法如下：令黄钟宫音的弦（管）长为81（"一而三之，四开以合九九"），即 $1×3×3×3×3=81$，则

徵音弦长为　$81×4/3=108$；

商音弦长为　$108×2/3=72$；

羽音弦长为　$72×4/3=96$；

角音弦长为　$96×2/3=64$。

上述五音依弦的长短顺序排列，则为

| 徵（g） | 羽（a） | 宫（c） | 商（d） | 角（e） |
|---|---|---|---|---|
| 108 | 96 | 81 | 72 | 64 |

这是一个五声徵调音阶，它们的频率之比为

$$1 : \frac{9}{8} : \frac{4}{3} : \frac{3}{2} : \frac{27}{16}$$

各音弦长之比均为2/3或4/3。由于弦长与频率成反比，所以这五音之间的频率之比均为3/2（即五度音程）或其倍数。所以，"三分损益法"得出的五声音阶，实际上是由许多相差五度的音调组成的，因此"三分损益法"就是"五度相生法"。"三分损益法"的提出，是我国古代乐律学研究上的一个杰出成就，也是我国古代物理学应用数学的最早例证。

用"三分损益法"由五音再加变宫（b，弦长为 $64×\frac{2}{3}=42\frac{2}{3}$ ）和变徵（#f，弦长为 $42\frac{2}{3}×\frac{4}{3}=56\frac{8}{9}$ ）两个半音，就可得出七声音阶。《吕氏春秋·音律》篇还记载了用"三分损益法"相生十二律的计算方法："黄钟生林钟，林钟生太簇，太簇生南吕，南吕生姑洗，姑洗生应钟，应钟生蕤宾，蕤宾生大吕，大吕生夷则，夷则生夹钟，夹钟生

无射，无射生仲吕。三分所生，益之一分，以上生；三分所生，去其一分，以下生。黄钟、大吕、太簇、夹钟、姑洗、仲吕、蕤宾为上；林钟、夷则、南吕、无射、应钟为下。"这里说的"上生"就是加长三分之一乘以 $\frac{4}{3}$；"下生"就是缩短三分之一乘以 $\frac{2}{3}$，以此来定出另一律的长度。

## （三）热学知识

在长期的生活和生产实践中，通过对大量火烧、火烤、冷热变化所引起的物质性质和形态的变化的观察，我国古人逐渐积累了许多热学知识。不过相比较而言，春秋战国时期的典籍中有关热学知识的记载是较少的，更谈不上系统了。

### 1. 对热的基本认识

热是什么，即关于热的本性问题，我国古人很早就作了探讨。在古代，人们常把热与火等同起来，殷商时代产生的"五行说"中，就把"火"看成是构成宇宙万物的物质元素之一。《墨经》中有"火离，然（燃）"的论述，认为火是包含在木头里面的，它一离开木，就产生木的燃烧。这和18世纪西方流行的"燃素说"十分相似。

关于摩擦生热的现象，战国时期也有记载。《墨经》第48条载："儇，积（俱）秪（抵）"；"儇：昫（煦）民（辗）也"。"儇"即"环"，指圆环，在地面上滚动时其边缘各点都将依次碾地，这可以从轮辋（辗）发热证明环上各点都碾地了。这段论述实际上是借摩擦生热作为论据进行论证的，说明摩擦生热已被作为一个基本常识看待了。

物体的体积受热膨胀、遇冷收缩的现象，当时也被应用于实践中。《华阳国志·蜀志》载，李冰父子在领导修建都江堰时，为了开凿坚硬的山石，已经采用了"积薪烧之"的方法。即在岩石上凿一些槽沟，在槽沟和天然石缝中填柴烧火，使岩石因胀缩不匀而自行崩裂，从而加快了开凿速度。玉垒山的"宝瓶口"就是用这种方法开凿的。这是把热学知识运用于施工技术的一个卓越创造。

**玉垒山**
玉垒山位于四川省，历史上岷江上游洪水泛滥就是由玉垒山冲向成都平原的。

　　冷热变化引起水的物态变化的现象，特别是雨露霜雪的形成，由于与农业生产有密切的关系，所以很早就引起了人们的注意。《诗经》中有"白露为霜"的诗句，说明古人已经认识到露和霜之间的内在关系了。他们把霜看作白色的固态的露，这种认识基本上是正确的。《庄子》中还有"积水上腾"的说法，包含了对地面上的水与大气中所降雨水之间的循环转化的正确认识。

### 2. 降温术与高温技术

我国古人很早就掌握了降温和获得高温的一些方法。最早的降温术是接触降温法。《诗经·国风》中记载："二之日凿冰冲冲，三之日纳于凌阴。""二之日"指农历十一月，"三之日"指一月，"凌阴"即冰窖，这是说冬天里凿下天然冰块贮于冰窖中，到夏天用来降温。《周礼》中也有："凌人掌冰，正岁十有二月令斩冰。……春始治鉴，凡外内饔之膳羞，鉴焉。……大丧，共夷盘冰。""凌人"是专司贮冰事宜的职务，"鉴"为青铜容器。这个记载说明当时人们是冬贮天然冰，夏季用来冷藏食物和保存尸体。

高温技术与早期的制陶业以及商周以来金属冶炼业的发展是密切相关的。在仰韶文化（距今五六千年）和龙山文化（距今约4000年）时期，精美的彩陶和黑陶都是在陶窑内烧制成的。在河南庙底沟发掘的一座陶窑，由火口、火膛、火道、窑室等部分组成，可使窑内温度达1000℃左右。在烧制黑陶时要用渗水方法使窑内的木柴不完全燃烧或熄灭以产生浓烟，有些木柴可能因此变成木炭，这可能是木炭的最早来源之一。人们很快发现木炭比木柴的燃烧温度更高，这就为铜的冶炼创造了高温条件。对商周的炉壁和炉渣熔点进行的测定表明，其温度约为1100~1300℃。利用木炭作燃料虽然可以提高

**木炭**

木炭是木材经过不完全燃烧，所残留的深褐色或黑色多孔固体燃料。春秋战国时代铁器的冶炼都用木炭，并利用其吸湿性来观测气候变化等。

燃烧温度，但要达到这样高的温度，还必须利用鼓风助燃，表明当时已经发明了原始的鼓风技术，这又为冶铁技术的发展提供了良好的手段。

春秋后期我国出现的生铁冶铸技术，只有在炉温达到 1150~1300℃ 的条件下才有可能。这表明我国的高温技术又有了很大进步，可能已经采用了鼓风竖炉。

### 3. 测温知识

生活和生产实践中有关冷热知识的积累，必然会使人们萌生温度的概念。古汉字中很早就出现的"寒""凉""温""热"，实际上是对温度高低的差异的描写。在烧制陶器和冶炼金属的生产过程中，我国古人逐渐掌握了观察火候以判明温度高低的方法。"火候"初称"火齐"，可能得名于烹饪术。《周礼·天官》中有"水火之齐"的说法；《礼记·月令》中已称"火齐"。《荀子·强国》把"火齐得"视作冶铸青铜器的关键之一。东汉郑玄将"火齐"解释为用火的"多少之量"或"腥熟之调"，这可以看作根据供输热量的多少对"火候"所做出的一个简单定义。根据"火候"来判断温度的高低，不再是单凭主观感觉，而是依据温度变化时物质物理性质的变化来做出判断的，这使温度的判断具有一定的客观性。

《考工记·轮人》篇记载，当用火烧烤一根木条以把它弯成轮牙时，必须恰当地控制火候，以使木条外不断绝，内不折裂，侧不扭曲。《考工记·桌氏》篇称："凡铸金之状，金与锡，黑浊之气竭，黄白次之；黄白之气竭，青白次之；青白之气竭，青气次之，然后可铸也。"这是根据青铜冶炼中焰色的变化来判断炉内的温度。《韩非子·显学》中也记有："夫视锻锡而察青黄，区冶不能以必剑。""察青黄"就是观察火候。

比观察火候更为准确的方法，是根据某些标准的恒温点（如冰点）来确定温度的高低和变化。《吕氏春秋·察今》中说："见瓶水之冰而知天下之寒";汉初的《淮南子·说山训》中进一步指出:"睹瓶中之冰而知天下之寒暑"。这就是通过水的凝固(成冰)和冰的熔解(成水)来判断气温的变化趋势。这可以看作是一种原始的验温器。

## (四)关于电和磁的认识

### 1. 关于电的初步知识

自然界中的雷电现象,早就引起了人们的注意。早在殷商时代遗留下来的甲骨片中,已经出现了"雷"字;西周时代青铜器的铭文中,也有了"电"字,这当然指的是闪电。从出土的殷商文物上的云雷纹饰可以得知,人们早就把云和雷电联系起来了。《尚书·金縢》篇中有"天大雷兜风"的说法;《易·豫象》中有"雷出地"的记载,说明已观察到雷云对大地的放电现象。

**云雷纹**

云雷纹,有时也指云纹、雷纹,是一种模仿云和雷的纹饰,是云纹和雷纹的结合,用于陶器、瓷器、漆器和青铜器之上,以做装饰。

关于雷电的成因和本质,人们也按照当时的阴阳学说做出理解。《淮南子·坠形训》中说:"阴阳相薄为雷,激扬为电。"即认为阴阳二气相抗相迫产生雷,阴阳二气相互激荡则为电。

### 2. 关于磁的认识

自然界存在着以四氧化三铁这类铁矿石为主的永磁性天然磁体,古人在寻找和冶炼矿石的过程中必然会遇到这类

**天然磁体**

指地球内部磁场的产生使某些天然物质,如磁铁矿形成的天然磁铁。

磁体，所以人们早在 2000 多年前的春秋时期，就已经认识磁石了。《管子·地员》中记有："上有慈石者，下有铜金。"这是我国古籍中关于磁石和磁铁矿的最早记载。在《五藏山经·北山经》中也记载有"西流注于泑泽，其中多磁石"。这些记载与西方最早发现的磁石吸铁现象的时间大致相同。

天然磁石的大量发现，为了解磁石的一些重要性质创造了条件。据记载，周大夫关尹子（关喜）对"磁石无我，能见大力"，作过如下解释："金乌搦土，慈石吸铁，二物扭结，而生变化。"公元前 4 世纪成书的《鬼谷子》中有："其察言也不失，若磁石之取铁。"《吕氏春秋·精通》篇有"慈石召铁，或引之也。"这些记载表明，当时关于磁石吸铁的知识，已经相当普遍了。

中国古代早先没有"磁"字，东汉以前都写作"慈石"。东汉高诱在注释《吕氏春秋》时说："石，铁之母也。以有慈石，故能引其子；石之不慈者，亦不能引也。"可见当时用"慈"字即表示磁石是"慈爱的石头"，字义中就包含了具有吸铁性的意义。

人们同时也发现了其他物体和金属均不受磁石的吸引。《淮南子·览冥训》中记载："若以慈石之能连铁也，而求其引瓦，则难矣。物固不可以轻重论也……故耳目之察，不足以分物理；心意之论，不足以定是非。"《淮南子·说山训》中也有："慈石能引铁，及其于铜则不行也。"这不仅指出了磁石对铁性物质与非铁性物质的作用不同，而且还指出对这一现象不能用常识和主观想象去理解。《淮南子·坠形训》中还有"慈石上飞，云母来水"的说法，表明当时人们已经认识到不仅磁石能吸引铁，（重的）铁块也能把（轻的）磁石吸引上升，这里已经初步认识到磁力是一种相互作用。

### 3. 对磁性作用的利用

早在战国时期，已经出现了把天然磁石用于医疗实践的事例。《史记·扁鹊仓公列传》中就有"齐王侍医遂病，自炼五石服之"的记载。"五石"指磁石、丹砂、雄黄、矾石和曾青，这种药即后人多用的"五石散"。

**五石散**

五石散是一种中药散剂。据说该散剂由张仲景发明，用于伤寒病人治疗，因为散剂性子燥热，对伤寒病人有一定益处。

我国大约在战国时期已知道了磁体的指极性，即磁体自动取南北方向的性质，这个发现很快引导了指南器"司南"的制造。

在《鬼谷子·谋》篇中有关于"司南"的最早记载："郑子取玉，必载司南，为其不惑也。"《韩非子·有度》篇也有："夫人臣之侵其主也，如地形焉，即渐以往，使人主失端，东西易面，而不自知。故先王立司南，以端朝夕。"当时的所谓"先王"一般指禹、汤、文、武，最晚的周武王也是公元前十一二世纪的人。"端朝夕"即正四方之意，这段话说明利用司南指示方向当为很古之事。《后汉书·南蛮传》和《梁书·海南诸国传》记载，在周公姬旦辅佐成王时，越裳氏（古柬埔寨人，在今越南中南部）来朝，使者迷其归路，周公赐他有帷幕、驾三马的轺车以指南。从当时的技术状况看，这种装置不会是利用差动齿轮组造的机械式指南车，而应为装有磁性司南的车辆。

至于"司南"的形制，当时没有具体的记载。后来，东汉王充（约公元 27—97）在《论衡·是应》篇中作了较明确的记述："司南之杓，投之于地，其柢指南"，说司南形如汤勺，放在光滑的地盘上，勺柄便转向南方。河南南阳东汉墓出土的石刻上有司南勺的画图。今人王振铎根据考证认为司南是用天然磁石琢磨成勺状的东西，底呈光滑的球形；把它放置于用青铜制成的光滑地盘上，拨动其柄使之轻微转动，静止后其柄即指向南方。

## （五）光学成就

春秋战国时期，我国古人对光的直线传播、光的反射和折射等一些具体规律，已有比较全面的概括与论述；并且还巧妙地做出诸如针孔成像之类的光学实验。《墨经》中对光学现象的系统论述，比西方古希腊学者欧几里得（前 330—前 275）的《光学》早约一个世纪。

### 1. 先秦的光源和对视觉的认识

古人首先是以太阳为光源的，经过漫长的岁月，才学会了使用火在夜间照明。我国古人用竹、松脂等制成火炬作

松脂

松脂是开割松树树体后流出来的树脂，是树木生理活动的产物。因其特殊的化学结构，松脂可以作为乳胶漆和胶合剂等材料使用，因此具有较高的商业价值。

为人造光源。《周礼·秋官》中载西周设有"司烜氏"掌火禁，兼掌坟烛庭燎。树于门外的谓之大烛，在门内的谓之庭燎。另外在军事上为防备敌人入侵，还在边防设有告急用的火炬联络信号"烽燧"。用油点灯作为光源在我国也有十分悠久的历史，《周礼》载司烜氏在宫廷仪式中已用麻子油灯。战国时期沿海诸侯国宫廷中则用鲸鱼油或海豹油来点灯。当时人们还知道了用纤维或竹心外裹层层蜜蜡（用蜜蜂巢煎熔而得之蜡）制成蜡烛。这些光源直到近代以前一直被用于照明。

古时取火的工具也称为"燧"。我国古人早就利用凹面镜聚太阳之热取火，故称凹面镜为"阳燧"，也称"夫燧"。《周礼·司寇》有："司烜氏，掌以夫燧，取明火于日。"《庄子》中也有"阳燧见日，则燃而为火"的记载。高诱注《淮南子·天文训》还具体说明了阳燧取火之法："阳燧金也，取金杯无缘者，熟摩令热，日中时以当日下，以艾承之则燃得火也。"即将无边的金属杯摩擦光亮，正午时对着太阳，将艾绒放在光线会聚之处（焦点），即可受灼起火。在墨家的著作中，把球面镜的焦点称为"中燧"，即指阳燧取火的光线会聚处。

关于光线穿过透明体的折射现象，我国古人也早有所知，并加以利用。《管子·侈靡》中记载："珠者，阴之阳也，故胜火……"唐人房玄龄解释说："珠生于水而有光鉴，故为阴之阳。以向日则火烽，故胜火……"这里所说的珠，大约就是石英一类透明体，由于流水冲刷成为卵形，类似凸透镜，向日当可取火。

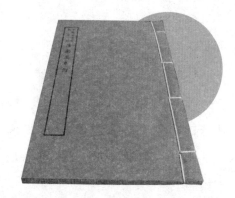

《淮南万毕术》

《淮南万毕术》主要是谈论各种各样的变化，包括人为的和自然的变化，是我国古代有关物理、化学的重要文献。

西汉刘安组织编写的《淮南万毕术》记载，在公元前 2 世纪我国就有人用冰作透镜向日取火："削冰令圆，举以向日，以艾承其影，则火生。"2000 多年前作出的这种实验，真可谓巧夺天工的发明创造。英国的胡克在 17 世纪也作过这个实验，在当时曾引起了很大的震动。

《墨经》中提出了产生视觉的三个条件：一是人自身的视觉功能（"明"），二是视觉对象（"物"），三是光（"火"）。进而正确地指出：人以眼睛见物（"以目见"），而眼睛则依靠光见物（"目以火见"）。这说明眼睛本身只是光的接收器，只有当光被物体反射到人的眼睛里后，人才可以看到物体，这是对视觉最早的科学说明。而古代西方的一些学者却认为人的眼睛会发射某种东西接触到物体而引起视觉。与之对比，更反映出中国古人对视觉的认识的正确性。

### 2. 关于光的直线传播

光的直线传播原理是光学的一个基本原理。中国古人很早就认识到光的直线传播这一基本特性。特别是在《墨经》中，已经有了这方面的精彩实验的明确论述和精辟的解释。

在公元前 4 世纪，墨家就做了世界上最早的"针孔成像"的实验，并做出了正确的分析。《墨经》第 120 条载："景到（倒），在午有端，与景长。说在端"；"景：光之人，煦（照）若射。下者之人也高，高者之人也下。足敝（蔽）下光，故成景于上；首敝（蔽）上光，故成景于下。在远近，有端与于光，故景库内也。"文中的"景"为"像"，"午"指"交午"，"端"为"点"，指屏中的小孔。这条经文说明，光线从人体各个部位向四面八方直线射出，穿过小孔的光线均在小孔处（"端"）相交午；从人体下部射出的光线射到高处，从人体上部射出的光线射到低处。足部射向低处的光线被屏壁遮蔽，因而只能成像于幕的高处；首部射向高处的光线被屏壁遮蔽，因而只能成像于幕的低处。这样，便在屏后的幕上得到一个倒立的像，而像的大小则与交点（小孔）的位置有关。人离小孔的距离由远而近，幕上的像就由小变大。

《经说》中的"照若射"，用"射"字来形容光线径直前进、疾速如箭、远达他处的特性，确实是十分生动、形象和确切的。"库"当指屏幕内之意；而《墨经》第49条又说："库，易也"，即上下易位之意，说明由于光的直线前进和小孔的存在，使物体在屏后的幕上产生倒立的像。所以，"库"字可看作墨家论述针孔成像理论的一个重要概念，即指这是一个上下易位的过程。

墨家还利用光的直线传播的性质，讨论了光源、物体和投影三者之间的关系问题。通常人们会认为，运动着的物体的影子也是随着物体一起运动的。墨家在分析了光、物体和影子的关系后却提出："景不徙，说在改为"；"景：光至，景亡；若在，尽古息"。（《墨经》第118条）这是说物体的影子并不随物体一起运动，只不过是由于物体或光源的运动，使原来旧的影子不断消失，而新的影子又不断生成（"改为"）而已。成影之处，有光一照，影子就立即消失了；如果影子不消失（"若在"），那是由于物体和光源都没有移动，所以影子也止息于原处（"尽古息"）。墨家的论述准确地阐明了影不动的实质，旧影不会移至它处成为新影，新影不是他处移来的旧影。墨家在这里实际上已经用到"瞬时"的概念来理解物与影的对应关系了，这种认识是相当深刻的。名家后来也提出"飞鸟之景，未尝动也"（《庄子·天下篇》）的命题。司马彪释曰："鸟动影生，影生光亡，亡非往，生非来。"《列子·仲尼》篇引公子牟曰："景不移者，说在改也。"张湛注曰："景改而更生，非向之影。"这些论述显然都是受到《墨经》的影响而发抒的。

《墨经》第119条载："景二，说在重"；"景二：光夹。一光，一。光者（堵）景也。"这一条说明了重影现象及其原理。如果一个物体同时受到两个光源的照射（"重"），就会形成两个投影，两个阴影相互重叠的部分形成更深的重影（本影），所以就会出现两个半影夹持着一个本影的现象（"夹"）。如果只有一个光源，则只有一个影子，影子是光线被堵遮而生成的。

墨家还讨论了杆影的长短粗细与光源、木杆、地面之间相对位置的关系（《墨经》第 122 条）。当时人们普遍使用圭表测定日影以确定时辰和方位，这对历法的制定和建筑测量都是有重要意义的。所以研究杆影的变化规律在当时是有重要的实践意义的。

### 3. 关于镜面成像原理

我国在 4000 多年前已经出现了铜镜，到春秋战国时期，青铜镜已相当流行。光线遇到镜面，就会发生反射现象，镜面成像，就是光的反射的结果。《墨经》中对平面镜和球面镜（凹面镜和凸面镜）成像，作了深入的研究，反映了当时在这一研究中所取得的辉煌成果。

《墨经》第 121 条载："景迎日，说在搏（转）"；"景：日之光反烛人，则景在日与人之间。"这条经文很可能是用来解释"月魄"成因的演示实验的记录。通常，日光直接照射人体，形成的人影是背着日的；但是，如果日光被一平面（如镜）反射后再照到人体上（"反烛人"），产生的影子就会迎着日（"景迎日"），即投在日与人之间，这是日光经反射而转变了方向的缘故（"说在转"）。如果把镜子看作大地，人体相当于月球，背向太阳的人体表面就相当于"月魄"，由于它只是被大地反射的日光间接照射，所以只能显现出月面灰光。墨家最先进行光学实验，在光学和天文学的发展史上，都是一项杰出的成就。

《墨经》第 123 条记载了一个平面镜成像的实验及其光学解释："临鉴而立，景到（倒）；多而若少，说在寡区"；"临：正鉴，景寡，貌能（态）、白黑、远近、鉴正、异（映）于光。鉴（者），景当俱就；去鉴（亦）当俱，俱用北（背）。鉴者之臭（糗），于鉴无所不鉴；景之臭（糗）无数，而必过正，故（估）同处。其体俱然，鉴分。"

此条有不同解释，一说是关于各种球面反射镜的总论[1]；一说是论述平面镜成像之理。我们从谭戒甫、钱临照、徐克明等说，作平面镜成像解。经文指一物（如人）俯临放在地上的平面镜边缘而立（如临湖水面照之），在镜中得一倒像。镜面所对范围很大，物体很多，而观察者从一个固定点只能看到不大范围内的物像，这是由于镜面面积较小（"寡区"）之故。任何物体在镜内只能有一个像，物的形态、明暗、距离、斜正都由光线映射于镜。当人（或物）走近镜子时，其像也一起走近（"鉴者、景当俱就"）；当人（或物）转身离开时，其像也同时离去（"去亦当俱"），人（物）与像是相互背离的（"俱用背"）。人（物）对着镜子的表面上的一切点（物点），在镜中无一不被照射出来（"鉴者之糗，于鉴无所不鉴"）。由于人（物）体表面之点无数，所以像的点（像点）也无数（"景之糗无数"），而且像点必位于镜面的另一侧（"而必过正"），估计与其相应的物点到镜面的距离相等（"估同处"）。像的每个部分与人（物）体表面相应部分之间的关系都是这样的，即分处于镜面二侧等距离的地方。

特别值得指出的是，墨家在分析镜面成像时，已经懂得把物体表面析为"物点"（"鉴者之糗"），把像析成"像点"（"景之糗"），而且指出它们是对称地分布于镜面二侧，这在当时是光学理论上的一个重要创造。"糗"字本指炒米粉或炒面粉，墨家在此取它来表示细小的点。

我国古代对于凹面镜聚焦特性的认识是相当早的，墨家对凹面镜面成像进行了深入的研究，并取得了惊人的成就。

① 方孝博：《墨经中的数学和物理学》，中国社会科学出版社1983年版，第88页。

《墨经》第124条记载了一个凹面镜成像的实验及其光学解释："鉴位（洼），景一小而易，一大而正。说在中之外、内"；"鉴：分鉴。中之内：鉴者近中，则所鉴大，景亦大；远中，则所鉴小，景亦小，而必正。起于中缘（燧）正而长其直（置）也。中之外：鉴者近中，则所鉴大，景亦大；远中，则所鉴小，景亦小，而必易。合于中而长其直（置）也。"

"鉴洼"即指凹面反射镜。经文是说凹面镜所成之像有两种：一种是物在镜面球心之外时形成的比物小的、倒立的像；一种是物在镜面球心之内时形成的比物体放大的、正立的像。后期墨家在《经说》中进一步作了准确的说明。实验分为"中之内""中之外"两种情形（"分鉴"）。"中"指"中燧"（焦点，阳燧取火光线会聚之处）到"合于中"（镜面球心，物与像重合之处）之间的这一段。如果物体在"中之内"，即在焦点之内，物体离焦点近些，所照也大些（"所鉴大"，即视角大），因而产生的像也大些；物体离焦点远些，则所照小，因而产生的像也小些。但是在这种情况下，所得的像必然都是正立的。这是物体从中燧（焦点）开始正立着向镜面方向移远其位置的情况（"起于中燧正而长其置也"）。

如果物体在"中之外"，即在球心之外，物体离球心近些，则所照大，产生的像也要大些；物体离球心远些，则所照小，产生的像也要小些。但在这种情况中，物体的像都是倒立的，这是物体在球心同自己的像重合之后，背着镜面向远处挪移其位置的情况（"合于中而长其置"）。

值得指出的是，在这个实验的记述中，墨家已经明确地区分了"球心"和"焦点"，把后者称为"中燧"；而且还知道了物体和它的像在球心处重合，这种准确的描述是与当时所进行的多次周密的实验分不开的。当然，凹面镜成像还有第三种情形，即物体在球心与焦点之间时在球心之外所产生的比物体大而倒立的像。墨家在做实验时可能还没有让像成于屏幕上，而是观察者面对凹面镜直接观察自身（物）所成之像，所以对在自己背后（球心之外）所成之像未能观察到，这是容易理解的。在科学还处于萌芽状态的 2400 多年前，墨家能对凹面镜成像做出如此正确的概括，这已是十分难能可贵的了。

关于凸面镜成像，墨家也进行了实验研究。《墨经》第 125 条记载："鉴团，景一"；"鉴：鉴者近，则所鉴大，景亦大；亓（其）远，所鉴小，景亦小。而必正。景过正，故招。"

"团"，圆也，指球体；"鉴团"即凸面反射镜。物体在凸面镜前被反射，无论和镜面距离远近如何，都在镜面后产生缩小的正立虚像，只有这一种成像情况（"景一"）。物体离镜近些，则所照显得大些，所成之像也大些；物体离镜远些，则所照显得小些，所成之像也小一些。在所有这些情况中，像必定都是正立的。物体过远，像就模糊不清了（"故招"）。

墨家所描述的情形，基本上是正确的，不过文中用"所鉴大""所鉴小"来说明像的大小，则是不准确的。因为凸面镜成像的大小决定于（虚）焦点对物体首尾二端所张的视角，而不是决定于物体对镜面二端所张的视角。

前述《墨经》中关于光的直进性以及各种面镜成像原理的叙述，是一部系统完整的关于几何光学问题的实验记录和理论说明。首先以光的直线传播性质为立论的基础，对光、物和影三者之间的各种复杂关系做出了详细而准确的分析说明；进而又以精确的实验为依据，对平面镜和各种球面镜成像的现象和规律作了描述。墨家在光学上这些出色的研究，和近代光学理论基本上是一致的，墨家的成果，在世界光学史上应当占有崇高的地位。

# 十

# 结语

春秋战国时期是中国古代科学技术的奠基时期；形成后世中国古代科技体系的许多知识内容和学说，大都可以从这一时期找到它的初始形态和萌芽思想。中国古代科学技术中最具特色和最为发达的天、算、农、医，在这一时期均有了相当的进展，特别是天文学和医学，已形成了比较系统的理论体系。

概括这一时期的科学技术成就，可以得出以下几点结论：

（1）冶铁术的发明，特别是生铁冶铸、铸铁柔化和块炼铁渗碳钢技术的出现，加快了铁器工具的普遍推广，大大促进了生产力的发展和劳动生产率的提高，有力地推动了社会制度的大变革，在世界历史上第一个实现了由奴隶制向封建制的过渡，充分显示了科学技术对促进社会经济发展和推动社会进步的革命作用。

（2）战国初期，随着新兴地主阶级在政治上的胜利，殷商时期的"神治"被"人治"所代替，由此带来了中国历史上第一次思想大解放。各诸侯国为了消除奴隶主阶级的思想影响和发展自己的霸业，也需要借助于各种新学说、新思想的支持，所以社会上形成了一个宽松、自由的学术氛围，出现了诸子百家自由探讨、相互争辩的"百家争鸣"的局面，对这一时期科学技术的迅速发展是十分有利的。中国封建时期所以能在科学技术、哲学、文学艺术等领域长期处于世界领先地位，与春秋战国时期的思想大解放不无关系。

（3）以孔子私人讲学为肇始而产生的"士"这个阶层，是中国封建社会特有的现象。一大批来自"国人"的知识分子的出现，打破了少数统治阶级人员垄断文化知识的局面。"士"来自各方，与社会各阶层有广泛的联系，他们是文化知识的主要掌握者，新思想的创造者和传播者。他们既把已有的文化知识传播到国人中，又把国人中积累的科学技术知识搜集起来加以总结概括，使中国古代科学技术知识得到不断丰富和发展。毋庸置疑，农民和工匠是中国古代科学技术发展中的基础力量，尤其是实用技术的直接创造者。但是由于文化素养的限制，他们没有能力将在生产实践中摸索积累起来的知识和技巧作系统的总结、记载和进行更广泛的传播，更没有条件去实现知识的理论化。这些工作只能由受过系统文化教育训练的"士"去完成。

（4）和古代世界各个民族的科学发展相比较，中国古代的自然哲学和以原理、定律表现出来的理论性自然知识是较薄弱的，特别是比古希腊逊色。但在实用科学方面，我国在相当长时期里居于世界领先地位；即便是中国古代最为发达的天、算、农、医四大学科，大部分也是经验性和描述性的。这个传统在春秋战国时期已经形成了。中国封建统治阶级"以政裕民"的政治主张，使他们急功近利，主要关心科学技术中那些能够直接转化为实用的内容。这也影响到"士"只能在"从政"过程中，从对"天地万物""善用其材"中来关心科学技术，而不去深究其

**荀况**

荀况即荀子，战国末期著名思想家、文学家、政治家，儒家代表人物之一。荀子对儒家思想有所发展，在人性问题上，提倡性恶论，主张人性有恶，否认天赋的道德观念，强调后天环境和教育对人的影响。

"所以然"。提出"制天命而用之"的封建地主阶级思想家荀况就明确说："其于天地万物也，不务说其所以然而致善用其材；其于百官之事、技艺之人也，不与之争能而致善用其功。"（《荀子·君道》）就是说对"天地万物"只求"善用其材"而不求明白其"所以然"，即不必深究其中的科学道理；对"百官之事、技艺之人"，只需"善用其功"而"不与之争能"，即对其中的技术原理不必了解。在这种思想的作用下，中国古代科学技术既具有以善于解决实际问题见长的特点，又具有偏重实用、缺乏理论概括的明显局限。

中国古代文化的整个状况，特别是哲学的发展，对科学技术的发展也有一定的影响。从西周开始到春秋战国时期，统治阶级和思想家们逐渐形成了重人事的传统，关心人与自然的关系、关心社会伦理比对关心自然本身更受重视。开始时显得很有生气的自然哲学学说，最终大都在社会伦理道德的说教中迷失了自己的发展方向。这又是造成中国古代科学缺乏理论性特点的一个重要原因。

近代自然科学没有在中国发展起来，原因当然是多方面的，特别

是缺少新生资本主义生产关系这个重要的社会条件。但是，中国科学技术极强的实用性传统，也是阻碍近代自然科学在中国产生的一个重要原因。

（5）春秋战国时期我国科学技术发展的丰硕成果，通过多种渠道，在世界各地陆续得到传播，对后世东亚、东南亚、中亚、西亚乃至欧洲各国科学技术的发展，都产生了重要的影响。例如天文学上的"四象""二十八宿"，数学上的十进位制，手工业中的炼钢术、蚕丝织绸和提花技术、漆器的制造等，先后都传播到国外。在生物学、医学、物理学方面，更有不少超前于西方的重要成就。英国科技史家李约瑟在他所著《中国科学技术史》的序言中曾公正地评价说："中国的这些发明和发现往往远远超过同时代的欧洲，特别是在 15 世纪之前更是如此。"这当然也包括春秋战国时期的科技成果在内。一些国外学者曾说，中国古代的许多科技成果似乎是从印度、阿拉伯乃至西方传入的，这种论点大都被考古的发现和史料的挖掘所否定了。可以毫不夸张地说，在古代，中国给予世界各国的东西，远比世界各国给予中国的要多。